Mathematics in Paper Folding (Origami)

학교수학 종이접기 2권

내가 원하는 길이로 어떻게 접을까?

저자 이대영

gb 지오북스

학교수학종이접기 2권
내가 원하는 길이로 어떻게 접을까?

초판인쇄 2023년 1월 31일
초판발행 2023년 1월 31일

저 자 이대영
펴 낸 곳 지오북스
물 류 경기도 파주시 상골길 339 (맥금동 557-24) 고려출판물류 內 지오북스
등 록 2016년 3월 7일 제395-2016-000014호
전 화 02)381-0706 | **팩스** 02)371-0706
이 메 일 emotion-books@naver.com
홈페이지 www.geobooks.co.kr
정 가 15,000원
I S B N 979-11-91346-55-8

이 책은 저작권법으로 보호받는 저작물입니다.
이 책의 내용을 전부 또는 일부를 무단으로 전재하거나 복제할 수 없습니다.
파본이나 잘못된 책은 바꿔드립니다.

머리말

혹시 "어린이 친구들, 이거 보세요. 정말 재미있는 모양이 됐죠?"하는 이야기에 친근감을 가지고 계시진 않나요? 예전 KBS에서 진행하던 TV유치원 하나둘셋에선 여러 가지 코너를 요일별로 운영했는데, 그중 하나가 바로 김영만 선생님의 종이접기 코너였습니다. 종이를 툭툭, 하지만 정성스럽게 접는 과정을 따라 하다 보면 신기하게도 여러 가지 동물 모양이 나타나곤 했습니다. 저에게 종이접기는 그렇게 시작되었습니다. 저뿐만 아니라 여러분들에게도 종이접기는 누군가의 손을 빌려, 즐겁고 신기한 대상으로 다가오지 않았을까 싶습니다.

이런 종이접기가 수학 교사로서의 삶을 살고 있던 저에게 새롭게 다가왔습니다. 로버트 랭, 토머스 헐, 로베르트 게레트슈레거, 하가 카즈오, 와타베 마사루.. 종이접기 안에 수학이 있고 그 수학이 유클리드의 수학만큼이나 아름답고도 멋있음을 알고 길을 닦아간 사람들입니다. 정사각형 색종이 혹은 A4용지를 접는 과정에서 나타나는 접은 선, 그 속에 숨어 있는 수학적 이야기를 탐구해나가고 그 논리를 설명하는 이야기들은 재미있으면서도 신비로운 세상으로 다가왔습니다.

종이접기의 예술가들은 종이를 접어 용을 만들고 잉어를 비늘 하나하나 접어서 완성해냅니다. 그와 동시에 한편에서는 종이를 접어 정삼각형, 정육각형을 만드는 것을 넘어 정오각형, 정칠각형을 접어냅니다. $90°$를 가지고 있는 정사각형에서 $60°$, $120°$를 만드는 것은 공약수 $30°$를 가지고 있는 각도이기에 가능할 수도 있겠다 하지만, $108°$나 $\frac{900}{7}°$ 같은 각도는 도대체 어떻게 만들어 낼까요? 그리고 정말로 만들어 내긴 한 것일까요? 중학교 교과서엔, 책에 따라 $\frac{1}{3}$ 길이 접기도 소개되는데, 그럼 $\frac{1}{5}$ 길이 접기는 가능할까요? 또 무리수를 분모로 가지는 길이를 종이접기로 만드는 것은요?

이런 궁금증을 책을 읽는 여러분에게도 선물하고 싶습니다. 조금씩 천천히 떠나보세요, 종이접기로 수학을 할 수 있습니다. 그리고 종이를 접을 때마다 우리는 실은 수학을 한답니다.

2023년 이대영

차례

머리말   i

Ⅳ. $\frac{1}{n}$의 길이와 넓이는 어떻게 접을까?   1

1. $\frac{1}{n}$의 길이는 어떻게 접을까?   4
2. 하가의 정리   15
3. $\frac{1}{n}$의 넓이를 갖는 정사각형은 어떻게 접을까?   22

Ⅴ. 내가 원하는 길이 접기   43

1. $\sqrt{n}$의 길이를 접는 방법   45
2. 황금비가 있는 길이를 접는 방법   50
3. 좀 더 복잡하게 표현된 길이를 접는 방법   65

참고문헌   80

IV. $\frac{1}{n}$의 길이와 넓이는 어떻게 접을까?

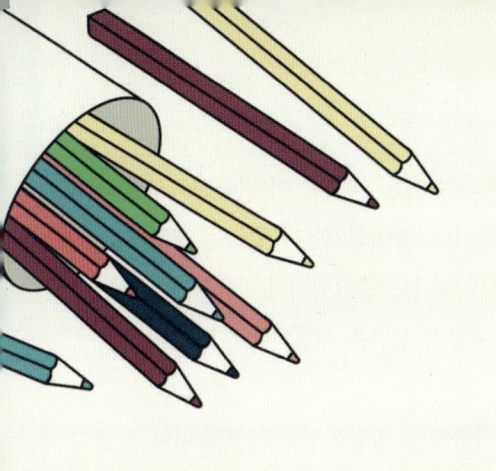

1권에서 종이접기 속 공리, 교과서 속 종이접기, 종이접기 활동들은 재미있으셨나요? 이제는 교과서를 벗어나 종이접기로 원하는 길이를 만드는 이야기를 탐험하려고 합니다. 종이접기에서 원하는 모양을 만들기 위해서는 특정한 위치에서 선분을 분할하여 접는 것이 무엇보다도 중요합니다. 물론 다른 이유도 있습니다. 정사각형 모양의 종이를 접어서 만들기에 다양한 도형의 성질을 이용하여야 만들어 낼 수 있기 때문이기도 합니다.

목표가 있는 종이접기는 종이를 접는 사람의 사고를 풍부하게 자극하는 활동이 될 수 있습니다. 이 점을 잘 살린 활동을 소개하는 책이 있습니다. 「스탠포드 수학공부법」이란 이름으로 국내에 소개된 조 볼러 교수의 책에서는 재미있는 종이접기 활동을 하나 소개합니다.

종이접기

2명이 짝을 이루어서 한 명은 회의론자, 한 명은 설득하는 사람이 되어 진행합니다. 설득하는 사람은 항상 이유를 들어 설명해 상대를 납득시키고, 회의론자는 항상 근거와 이유를 요구해야 합니다.

1. 원래 정사각형 넓이의 정확히 $\frac{1}{4}$이 되는 정사각형을 만드세요.

2. 원래 정사각형 넓이의 정확히 $\frac{1}{4}$이 되는 삼각형을 만드세요.

3. 원래 정사각형 넓이의 정확히 $\frac{1}{4}$이 되는 또 다른 삼각형을 만드세요.

4. 원래 정사각형 넓이의 정확히 $\frac{1}{2}$이 되는 정사각형을 만드세요.

5. 원래 정사각형 넓이의 정확히 $\frac{1}{2}$이고, '4'에서 만든 정사각형과 방향이 다른 정사각형을 만드세요.

이 활동은 정말 쉬운 문제로부터 점차 어려운 문제를 제시하고, 그 문제가 정말 매력적인 것이 특징입니다. 종이접기라는 친숙한 활동, 상대를 설득하기 위해서 동원해야 하는 수학적 지식. 그리고 할 수 있을 것만 같은데 풀리지 않는 5번 문제로 학생들, 교사들은 정말로 빠져들게 됩니다.

5번 문제는 "원래의 **정사각형의 길이를 1**이라고 할 때, $\frac{1}{\sqrt{2}}$라는 새로운 길이를 어떻게 만들까?"라는 질문으로 다시 표현할 수 있겠죠. 원하는 길이를 도형의 성질들을 이용해서 만들고, 이 길이를 원하는 위치에 대칭이동, 평행이동 등의 방법을 이용해서 옮기는 것이 5번 질문의 핵심입니다. 이 문제를 처음 만났을 때, 정말 재미있어서 저도 하루종일 빠져 있었습니다.

우리는 조 볼러 교수가 소개한 이 활동에서 출발하여 이 문제를 해결하기 위해 노력한 여러 사람들의 방법을 탐험하고자 합니다. 그래서 준비물이 필요합니다.

> **준비물**
> 1. 정사각형 색종이 (※ 한 변의 길이는 1로 가정한다.)
> 2. 색종이 위에 표시할 필기구

정사각형 색종이야 당연하다면 당연한데, 필기구는 의외이지 않나요? 우리는 종이를 접으면서 선대칭을 통해 옮겨지는 점을 필기구로 표현하고자 합니다. 종이접기의 순수성을 고집한다면 종이를 여러 번 접어 접은 선의 교점으로 나타내야 하겠지만, 절차를 간소화하고 동시에 종이의 손상을 최소화하기 위해서입니다. 이 정도는 여유롭게 넘어가 주세요.

우리는 정사각형 모양의 색종이를 사용하고 이 색종이는 완벽한 정사각형이라고 가정합니다. 그리고 선대칭된 점이 나타날 때, 이를 필기구를 이용하여서 표시합니다.

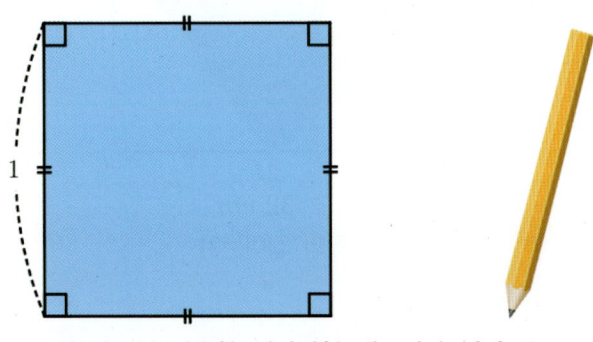

【이 장부터 사용할 정사각형 색종이와 필기구】

1 $\frac{1}{n}$의 길이는 어떻게 접을까?

우선 $\frac{1}{n}$의 길이를 구하는 방법을 탐구해보겠습니다. 이미 「종이접기 속 학교 수학」, 「교과서 속 종이접기」에서 소개한 방법들도 있습니다. 예를 들면 「교과서 속 종이접기」에서 아래 문제가 기억 나시나요?

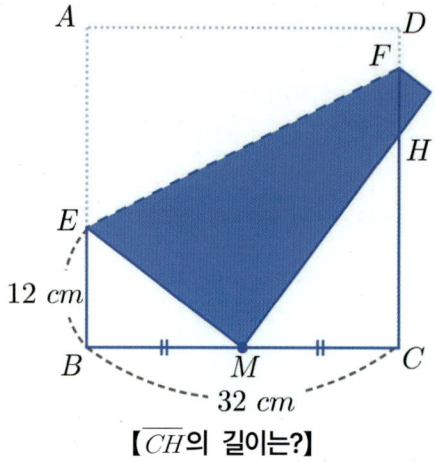

【$\overline{CH}$의 길이는?】

이 문제의 답은 $\overline{CH} = \frac{64}{3} = \frac{2}{3}\overline{CD}$였습니다. 재미나게도 밑변의 $\frac{1}{2}$의 위치를 찾아 접었더니 오른쪽 변의 $\frac{2}{3}$가 나타나네요. 이렇게 유리수의 길이를 찾는 다른 방법은 없을까요?

이를 위한 탐구를 위해 우선 작도에서 선분을 n등분하는 법부터 살펴보겠습니다. 작도와 종이접기 모두 직선을 만들 수 있고, 컴퍼스의 사용에는 컴퍼스 접기가 대응되는 것처럼 많이 닮은 활동이기 때문입니다.

가. 작도에서의 선분의 n등분

$\overline{AB}$가 주어져 있다고 가정할 때, 이를 n등분하는 방법은 다음과 같습니다.

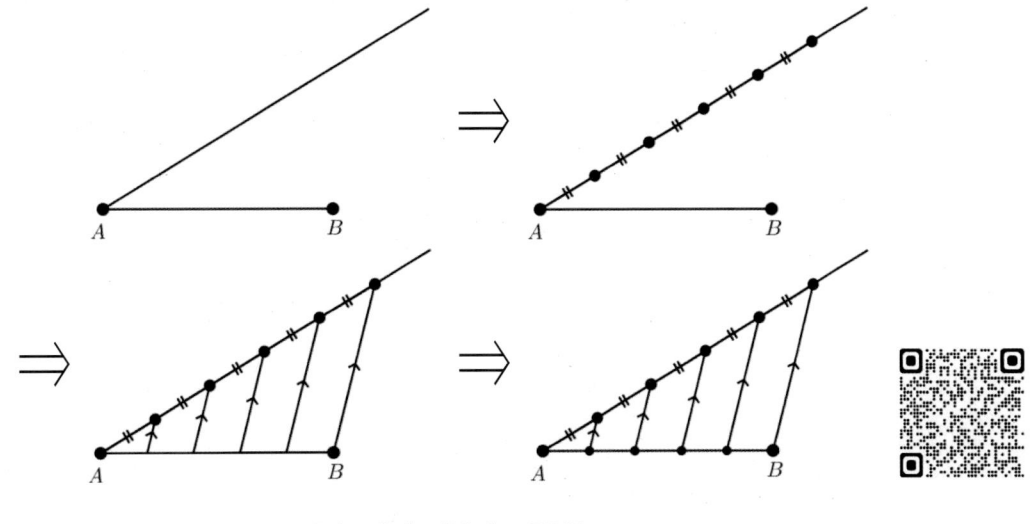

【작도에서 선분의 n등분】

(https://www.geogebra.org/m/ehcfxufa#material/wuphxb7s)

<작도 방법>

① 등분하고자 하는 $\overline{AB}$의 꼭짓점 A에서 임의의 각도로 반직선을 하나 긋는다.
② 반직선의 시작점 A에서 일정한 길이씩 떨어진 n개의 점을 만든다.
③ 가장 끝의 점과 선분의 반직선과 접하지 않은 끝 B를 잇는다.
④ '③'의 선분과 평행하고 두 번째 점을 지나는 직선을 그린다.
⑤ 점이 끝날 때까지 평행한 선을 계속 그린다.

평행선이 가지는 성질을 이용하는 간단하면서도 논리적이고 그래서 아름다운 방법입니다. 이 작도법을 보면 무리수가 인정되기 전 고대 그리스인이 생각하던 수에 대해 생각하게 됩니다. 자와 컴퍼스를 사용하여 논리적으로 구성되는 유리수 바로 두 정수의 비. 음악의 이치에도 숨어있다고 생각하던 정수의 비. 유리수로 나타낼 수 없는 무리수를 처음 본 그들이 받아들이기 힘들었음은 어쩌면 당연한지도 모르겠습니다.

이 방법을 이제 종이접기에 응용할 것입니다. 정확하게는 평행선의 성질을 사용하는 방법을 이용할 것입니다. 원하는 길이를 어떤 선분 위에 만들어내고, 평행선을 접으면 필요한 위치에 내가 원하는 길이를 만들 수 있습니다.

나. 변의 n등분 접기

이제 적절한 준비가 되었으니 변의 n등분을 실제로 접어보겠습니다.

1) 변의 $\frac{1}{2}$ 접기

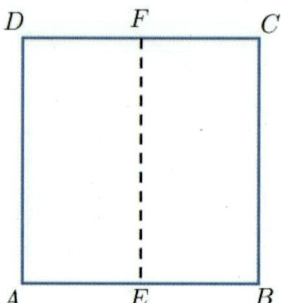

우리는 언제는 선분의 수직이등분선을 접을 수 있습니다.

특히 변의 $\frac{1}{2}$의 길이를 접을 수 있다는 것은 이 방법을 반복하면 $\frac{1}{2^n}$의 길이를 접을 수 있다는 이야기도 되지요. 물론 종이가 물리적으로 허락하는 한요.

2) 변의 $\frac{1}{3}$ 접기

방법 ①

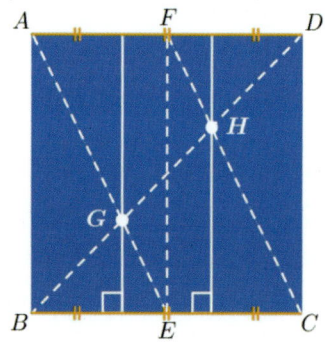

<접는 법>

① 밑변의 수직이등분선을 접는다. 이때 밑변과 윗변의 중점을 각각 E, F 라고 한다.
② 정사각형의 대각선 $\overline{BD}$ 를 접는다.
③ $\overline{AE}$ 와 $\overline{CF}$ 를 접어 $\overline{BD}$ 와 교점을 G, H라고 한다.
④ G, H를 각각 지나고 밑변에 수직인 선을 접는다

[왜냐하면]
① $\triangle EGB$와 $\triangle AGD$가 $1:2$의 길이의 비로 닮음이다.
② $\triangle FHD$와 $\triangle CHB$가 $1:2$의 길이의 비로 닮음이다.
③ $\overline{BG} = \frac{1}{2}\overline{GD}$, $\overline{DH} = \frac{1}{2}\overline{BH}$ 이므로 $\overline{BG} = \overline{DH} = \frac{1}{3}\overline{BD}$
④ 평행선의 성질로 G, H를 지나는 수선은 밑변을 3등분한다.

방법 ②

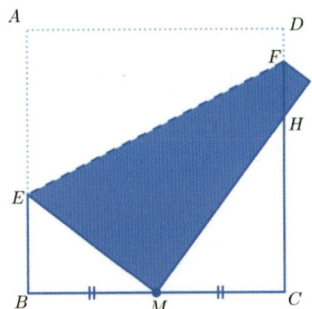

<접는 법>

① 밑변을 수직이등분하여 중점 M을 찾는다.
② $A \to M$ 가 되도록 접는다.
   이때, $\overline{DH} : \overline{CH} = 1 : 2$ 가 된다.

[왜냐하면]

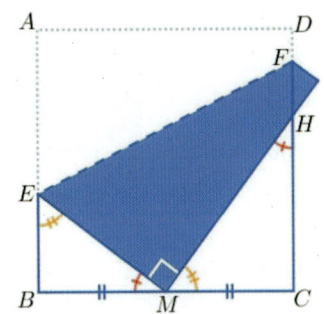

(1) $\overline{EB} = x$라 하면, $\overline{AE} = \overline{EM} = 1-x$이 된다.
이때, $\triangle EMB$는 직각삼각형이므로

$$x^2 + \left(\frac{1}{2}\right)^2 = (1-x)^2 \quad \to \quad x^2 + \frac{1}{4} = x^2 - 2x + 1$$

$$\to \quad 2x = \frac{3}{4} \quad \to \quad \therefore x = \frac{3}{8}$$

따라서 $\overline{EB} : \overline{BM} : \overline{EM} = \frac{3}{8} : \frac{1}{2} : 1 - \frac{3}{8} = 3 : 4 : 5$

(2) $\triangle EMB$와 $\triangle MHC$는 서로 닮음인 삼각형이다. $\overline{CH} = y$로 두면

$$\overline{CM} : \overline{CH} = \frac{1}{2} : y = 3 : 4 \to 3y = 2 \to \therefore y = \frac{2}{3}$$

(3) $\overline{DH} = 1 - \overline{CH} = \frac{1}{3}$ ∎

이제 변의 $\frac{1}{3}$ 접기를 할 수 있게 되었으니 만들 수 있는 길이가 늘었습니다. 우선 작도에서 살펴본 방법을 이용하면 이제 $\frac{1}{3}$의 길이를 다시 $\frac{1}{3^2}$의 길이로 바꿀 수 있습니다.

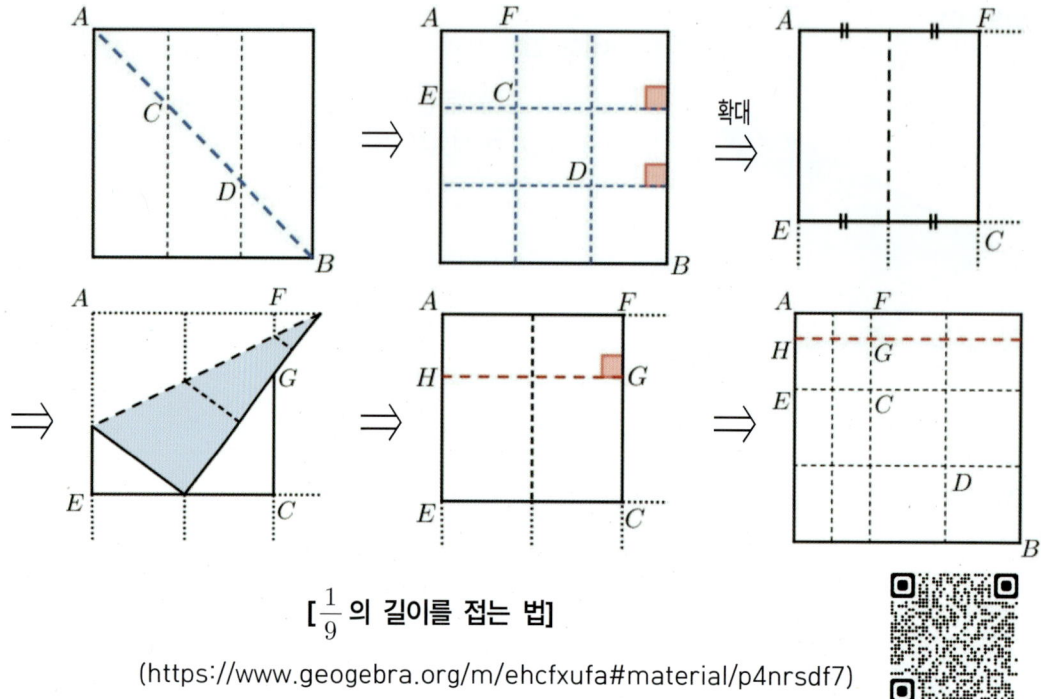

[$\frac{1}{9}$의 길이를 접는 법]

(https://www.geogebra.org/m/ehcfxufa#material/p4nrsdf7)

이 방법을 계속 반복할 수 있다면 $\frac{1}{3^n}$ (n은 자연수)의 길이를 접는 것이 가능합니다. 그리고 2등분의 방법을 이용하면 $\frac{1}{2^m}$ (m은 자연수)의 길이도 접을 수 있으니, 이를 이용하면 $\frac{1}{2^m \times 3^n}$ (m, n은 모두 음이 아닌 정수)의 길이는 모두 만들 수 있다는 것을 알 수 있습니다.

3) 변의 $\frac{1}{5}$ 접기

변의 $\frac{1}{3}$ 접기에서 소개된 방법을 응용하면 변의 $\frac{1}{5}$ 접기를 할 수 있습니다.

① **방법 (1)**

먼저 2)-① 방법을 응용해보겠습니다. 3)-①의 핵심은 $\frac{1}{3}$의 길이를 만들기 위해, 길이의 비를 1:2로 갖는 닮은 삼각형을 만드는 것입니다. 때문에 높이에 해당하는 길이도 1:2 나뉘면서 $\frac{1}{3}$, $\frac{2}{3}$의 길이를 각각 갖게 됩니다. 따라서 $\frac{1}{5}$의 길이를 접으려면 1:4의 길이의 비를 갖는 닮은 삼각형을 만들면 됩니다.

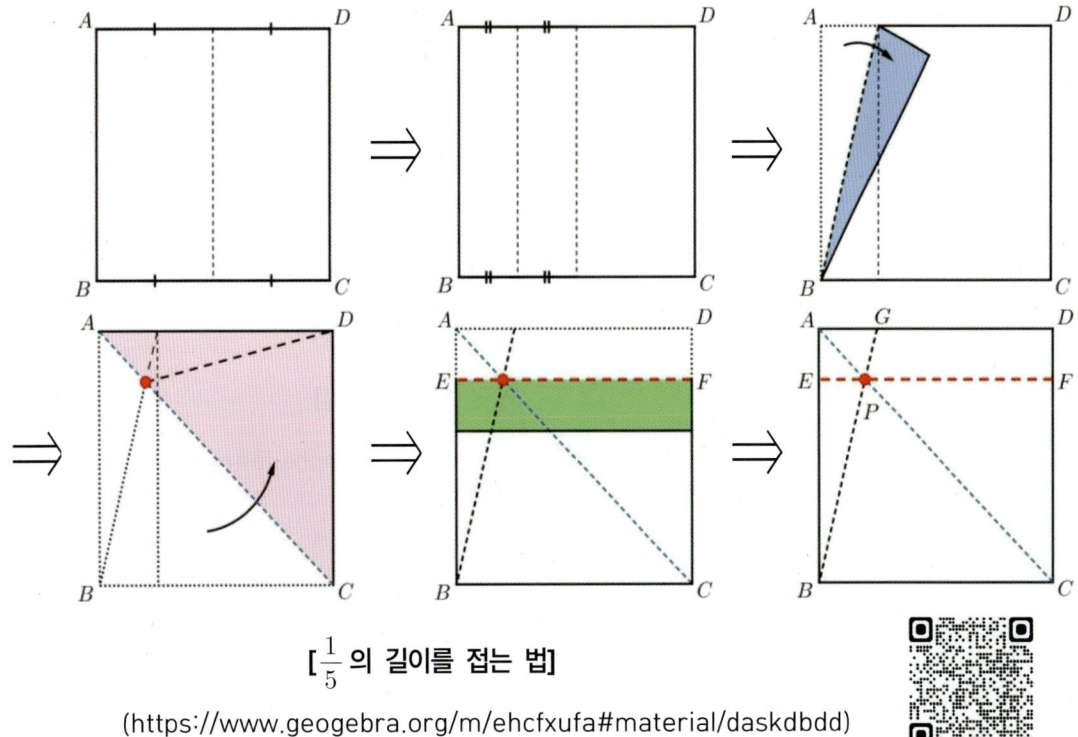

[$\frac{1}{5}$의 길이를 접는 법]

(https://www.geogebra.org/m/ehcfxufa#material/daskdbdd)

> **[왜냐하면]**
> △APG와 △CPB는 $\overline{AG} : \overline{BC} = 1 : 4$의 길이의 비를 갖는 닮음 삼각형입니다. 따라서 삼각형의 높이도 $\overline{AE} : \overline{BE} = 1 : 4$의 길이의 비를 갖게 됩니다.
> ∴ $\overline{AE} = \frac{1}{5}\overline{AB}$ ∎

② **방법 (2)**

2)-② **방법도 응용**이 가능합니다. 먼저 종이를 접어서 $\frac{1}{3}$의 길이 지점을 찾아 각각 E, F라고 하겠습니다. 그런 다음 아래처럼 접습니다.

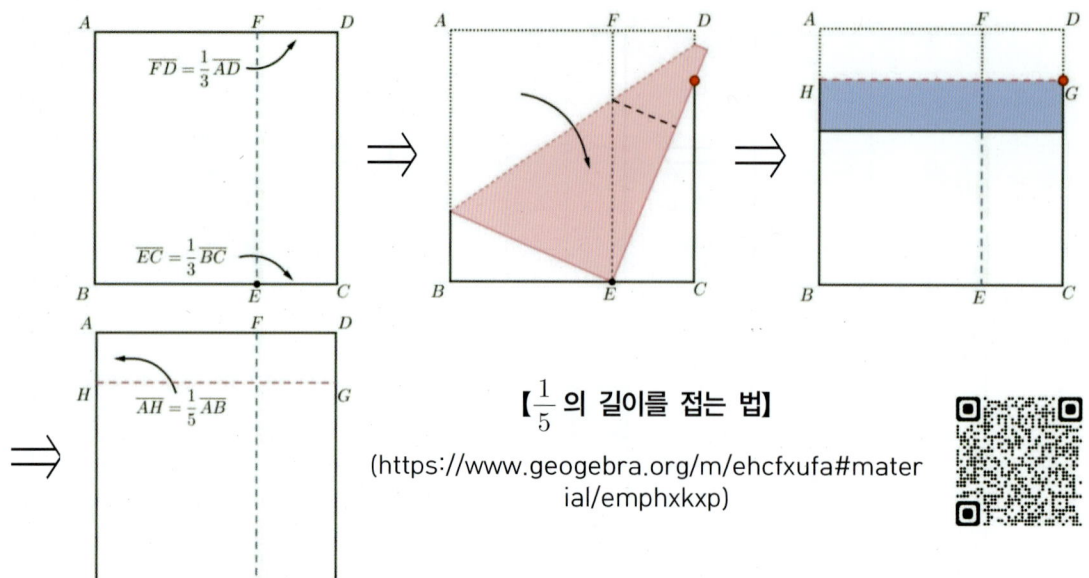

【$\frac{1}{5}$ 의 길이를 접는 법】

(https://www.geogebra.org/m/ehcfxufa#material/emphxkxp)

[왜냐하면]

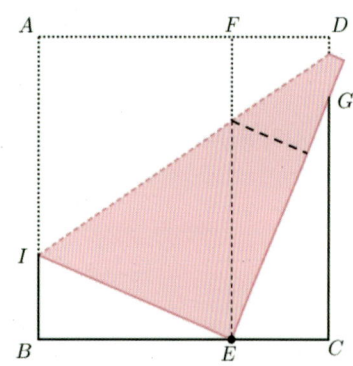

정사각형 $ABCD$의 한 변의 길이를 1이라고 하겠습니다.
$\frac{1}{3}$의 길이를 찾고 시작하므로 $\overline{BE} = \frac{2}{3}$, $\overline{EC} = \frac{1}{3}$ 입니다.
$\overline{IB} = x$로 두면, $\overline{AI} = \overline{EI} = 1 - x$,
△IBE는 직각삼각형이므로 $x^2 + \left(\frac{2}{3}\right)^2 = (1-x)^2$

$\therefore x = \frac{5}{18}$

따라서 $\overline{IB} : \overline{BE} : \overline{IE} = \frac{5}{18} : \frac{2}{3} : 1 - \frac{5}{18} = 5 : 12 : 13$

이때, △IBE와 △ECG는 닮음이므로

$\overline{EC} : \overline{GC} = 5 : 12 = \frac{1}{3} : \overline{GC} \quad \rightarrow \quad \therefore \overline{GC} = \frac{4}{5}$

$\therefore \overline{GD} = \frac{1}{5}$ ∎

특히 위의 증명과정에서 보셨나요? $\overline{BC}$를 $2:1$로 내분하는 점 E에 대해 「$A \rightarrow E$」라는 접기를 하였을 때, 나타나는 직각삼각형 △IBE와 △ECG는 모두 길이의 비가 5 : 12 : 13 입니다. 바로 피타고라스 세 쌍입니다.

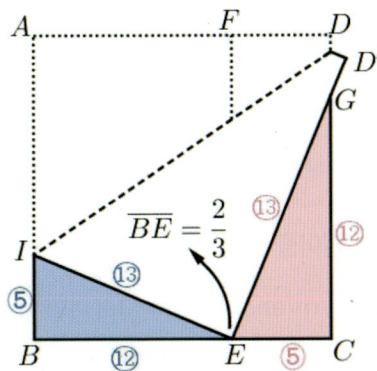

[「$\frac{1}{5}$ 접기 ②」에서 나타나는 피타고라스 세 쌍 5 : 12 : 13]

4) 변의 $\frac{1}{6}$ 접기

이미 변의 $\frac{1}{3}$ 의 길이 접기를 하면서 $\frac{1}{2^m \times 3^n}$ (m, n은 모두 자연수)의 길이는 모두 만들 수 있음을 보였습니다.

5) 변의 $\frac{1}{7}$ 접기

변의 $\frac{1}{3}$ 접기와 변의 $\frac{1}{5}$ 접기를 하면서 혹시 직감이 오진 않았나요? 두 접기 모두 두가지 방법을 사용하였고, 그 원리는 모두 같았습니다. 변의 $\frac{1}{7}$ 접기에도 역시 적용하여 보겠습니다.

① **방법 (1)**

먼저 3)-① 방법을 다시 응용합니다. 변의 $\frac{1}{6}$ 로 접어야 하므로, 먼저 변의 $\frac{1}{3}$ 을 접겠습니다.

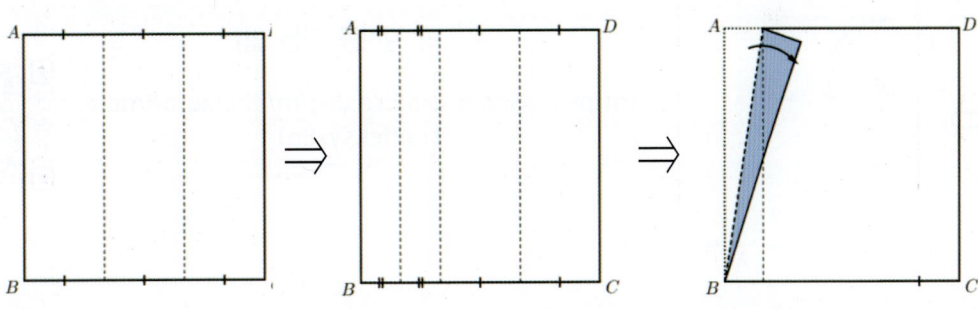

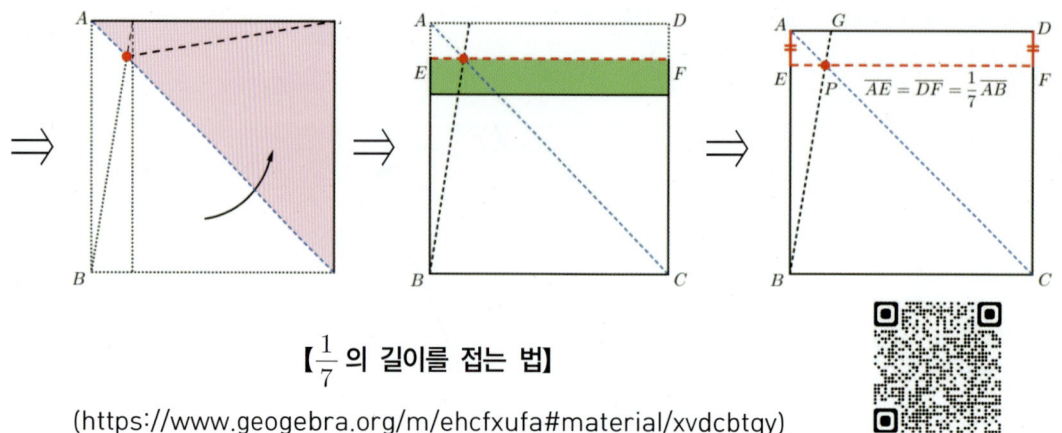

【$\frac{1}{7}$의 길이를 접는 법】

(https://www.geogebra.org/m/ehcfxufa#material/xvdcbtqy)

[왜냐하면]

△APG와 △CPB는 $\overline{AG} : \overline{BC} = 1 : 6$의 길이의 비를 갖는 닮음 삼각형입니다. 따라서 삼각형의 높이도 $\overline{AE} : \overline{BE} = 1 : 6$의 길이의 비를 갖게 됩니다.

∴ $\overline{AE} = \frac{1}{7}\overline{AB}$ ■

② 방법 (2)

3)-② 방법을 응용하는 것도 방법은 같습니다. 먼저 종이를 $\frac{1}{4}$를 접은 뒤에 앞서와 같은 순서로 접어 나갑니다.

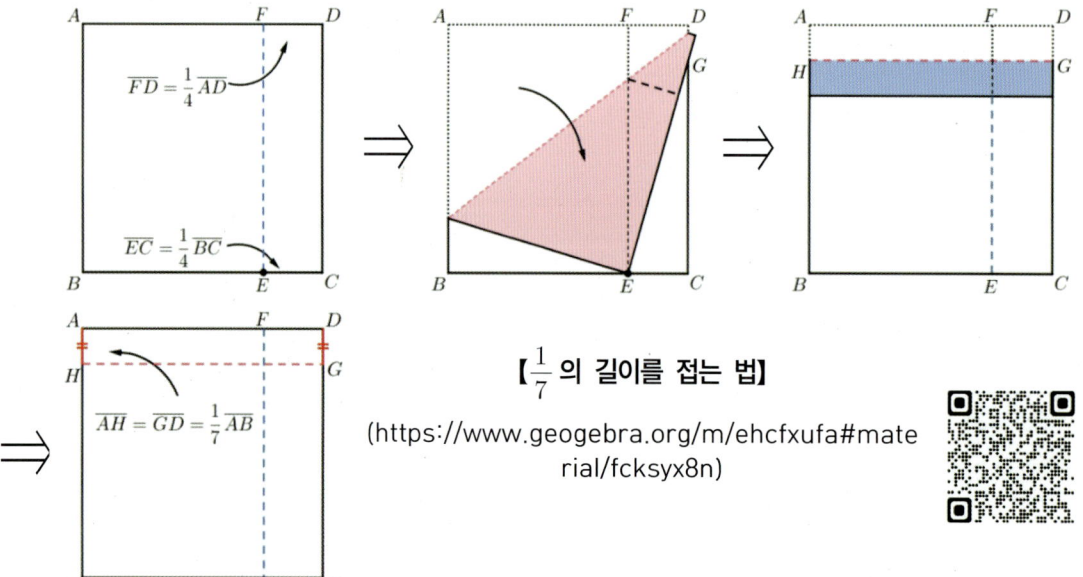

【$\frac{1}{7}$의 길이를 접는 법】

(https://www.geogebra.org/m/ehcfxufa#material/fcksyx8n)

[왜냐하면]

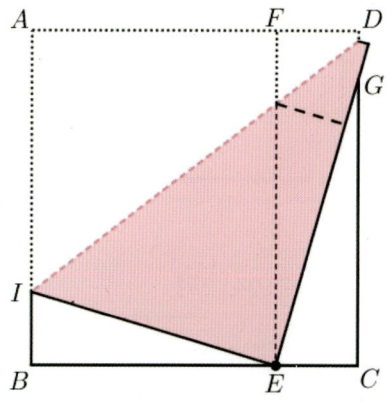

한 변의 $\frac{1}{4}$의 위치를 찾고 시작하므로 $\overline{BE} = \frac{3}{4}$, $\overline{EC} = \frac{1}{4}$입니다.

$\overline{IB} = x$로 두면, $\overline{AI} = \overline{EI} = 1-x$,

$\triangle IBE$는 직각삼각형이므로 $x^2 + \left(\frac{3}{4}\right)^2 = (1-x)^2$

$\therefore x = \frac{7}{32}$

따라서

$\overline{IB} : \overline{BE} : \overline{IE} = \frac{7}{32} : \frac{3}{4} : 1 - \frac{7}{32} = 7 : 24 : 25$

이때, $\triangle IBE$와 $\triangle ECG$는 닮음이므로

$\overline{EC} : \overline{GC} = 7 : 24 = \frac{1}{4} : \overline{GC}$ → $\therefore \overline{GC} = \frac{6}{7}$

$\therefore \overline{GD} = \frac{1}{7}$ ∎

특히 위의 증명과정에서 보셨나요. $\overline{BC}$를 $3:1$로 내분하는 점 E에 대해 「$A \to E$」라는 접기를 하였을 때, 나타나는 직각삼각형 $\triangle IBE$와 $\triangle ECG$는 길이의 비도 마찬가지로 재미있습니다.

직각삼각형 $\triangle IBE$(혹은 $\triangle ECG$)은 세 변의 길이의 비가 $\overline{IB} : \overline{BE} : \overline{IE} = \frac{7}{32} : \frac{3}{4} : 1 - \frac{7}{32}$ $= 7 : 24 : 25$가 되었습니다. 역시 피타고라스 세 쌍이 됩니다. 「$\frac{1}{3}$접기 ②」일 때, $3:4:5$라는 피타고라스 세 쌍, 「$\frac{1}{5}$접기 ②」일 때 $5:12:13$. 그리고 이번에 「$\frac{1}{7}$접기 ②」일 때 $7:24:25$라는 피타고라스 세 쌍.

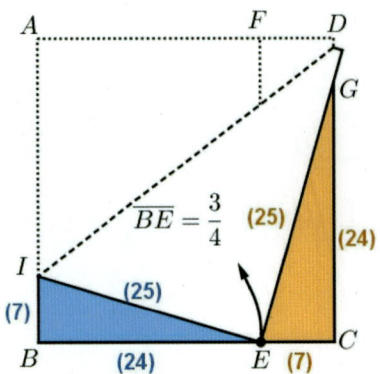

[「$\frac{1}{7}$접기 ②」에서 나타나는 피타고라스 세 쌍 $7:24:25$]

벌써 세 번이나 반복되었습니다. 아니 어떻게 방법 (2)는 계속 이런 신기함을 보여줄까요? 그리고 앞으로도 계속될까요?

"첫 만남은 우연, 두 번째 만남은 필연, 세 번째 만남은 인연이다."

2. 하가의 정리

지금가지 변의 $\frac{1}{3}$, $\frac{1}{5}$, $\frac{1}{7}$ 접기는 모두 두 가지 방법으로 살펴보았습니다. 그런데 방법 ①과 방법 ②는 혹시 비교해보셨나요? 닮음비를 알고 있다면, 방법 ①이 조금 더 직관적으로 이해하기가 쉽습니다.

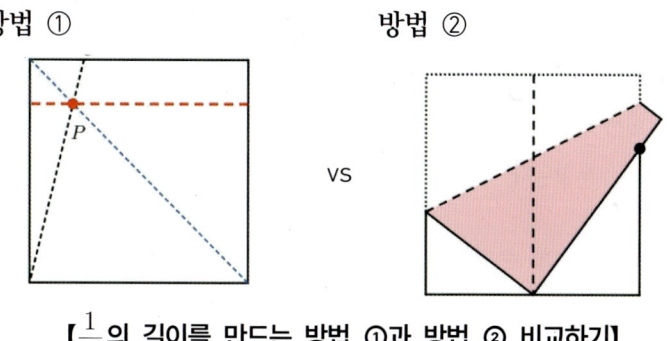

【$\frac{1}{n}$의 길이를 만드는 방법 ①과 방법 ② 비교하기】

하지만 접는 단계로서는 방법 ②가 더 짧습니다. 변의 $\frac{1}{5}$ 길이를 접을 때, 가장 짧게는 아래처럼 4번 만에 접을 수 있습니다. 반면 방법 ①의 변의 $\frac{1}{5}$ 길이를 접기는 5단계를 거쳐야 가능합니다. 다른 길이로 넘어가면 그 차이는 더 길어지기 시작합니다. 그래서 종이를 덜 구겨지게 만드는 방법 ②가 종이접기에는 더 효과적인 방법입니다.

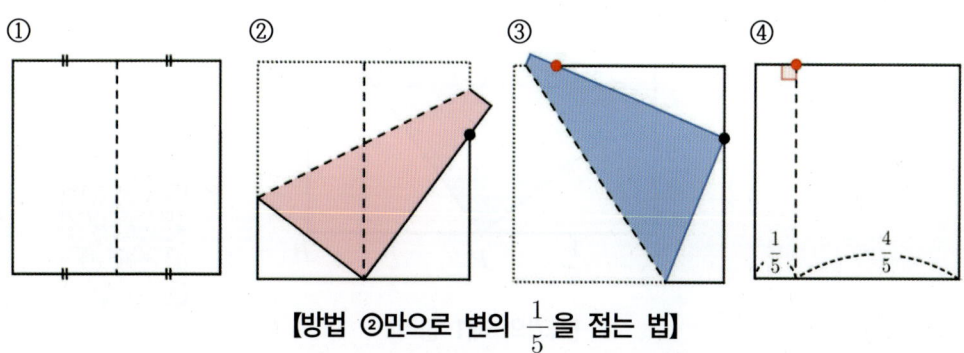

【방법 ②만으로 변의 $\frac{1}{5}$을 접는 법】

여기에 재미를 느끼고 연구를 계속했던 한 종이접기 전문가가 있습니다. 바로 하가 가츠오 (芳賀 和夫, 1934~)입니다. 원래 생물학자였던 그의 취미 생활은 바로 종이접기였습니다. 여러 가지 종이접기 작품들을 접어가던 그는 어느 순간부터 종이접기 자체에 담겨있는 수학적 원리에 주목하기 시작합니

다. 수년간의 연구 결과를 모아 종이접기 속 수학을 "종이접기(おりがみ, origami) + -ics(과학이나 학문, 기술을 나타내는 접미어)"를 합성하여 오리가믹스(オリガミクス, origamics)로 표현하고, 1994년 제2회 종이접기의 과학국제회의에 참석해 이를 제창합니다. 그가 제창한 오리가믹스는 "종이를 접으며 수학을 즐기자. Fold Paper and Enjoy Math."를 표방하며, 작품을 만들기 위함이 아님을 안내합니다.

과학을 사랑하고 종이접기와 수학을 사랑한 하가 교수는 90이 다 된 나이인 지금도 왕성하게 활동 중입니다. 지금은 「하가 사이언스 라보(芳賀サイエンスラボ)」라는 프로그램을 운영하면서 아이들이 과학을 직접 접하면서 배울 수 있는 기회를 만들어주고 있습니다.

그럼 한번 하가 교수가 연구한 내용을 살펴보도록 하겠습니다.

하가의 제1 정리

정사각형 종이의 왼쪽 위 꼭짓점을 아랫변의 중점에 놓이도록 접었을 때, 정사각형의 각 변은 다음과 같은 고정된 비율로 분할된다.

① 점 E는 $\overline{AD}$를 $3:5$로 분할한다.
② 점 G는 $\overline{BC}$를 $2:1$로 분할한다.
③ 점 F는 $\overline{BC}$를 $7:1$로 분할한다.
④ 점 G는 $\overline{CD} = \overline{PC'}$을 $5:1$로 분할한다.

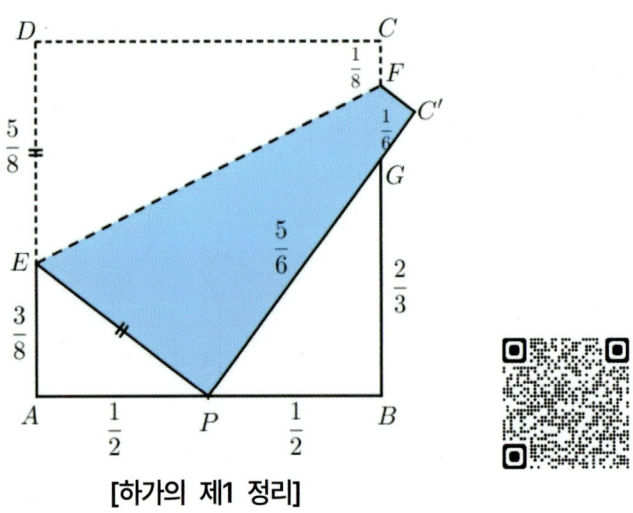

[하가의 제1 정리]

(https://www.geogebra.org/m/ehcfxufa#material/fgwgfkp6)

어떻게 이런 길이가 나타나는 것일까요? 앞서 [$\frac{1}{3}$ 접기 ②]에서 $\overline{AP} = \frac{1}{2}$일 때, $\triangle EAP$,

△PBG가 모두 $3:4:5$의 길이의 비를 갖는 직각삼각형이고 $\overline{CG}=\dfrac{1}{3}$이 됨까지 보였습니다만, 다시 한번 전체과정을 살펴보겠습니다.

[왜냐하면]

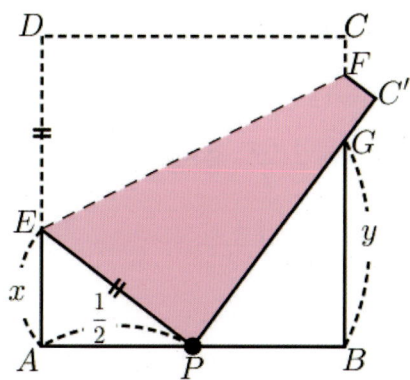

(1) $\overline{EA}=x$라 하면, $\overline{DE}=\overline{EP}=1-x$이 된다.
이때, △EMB는 직각삼각형이므로
$$x^2+\left(\dfrac{1}{2}\right)^2=(1-x)^2$$
$$\rightarrow\ x^2+\dfrac{1}{4}=x^2-2x+1$$
$$\rightarrow\ 2x=\dfrac{3}{4}\ \rightarrow\ \therefore\ x=\dfrac{3}{8}$$
따라서
$$\overline{EB}:\overline{BM}:\overline{EM}=\dfrac{3}{8}:\dfrac{1}{2}:1-\dfrac{3}{8}=3:4:5$$

(2) △EAP와 △PBG는 서로 닮음인 삼각형이다.
$\overline{BG}=y$로 두면
$$\overline{BP}:\overline{BG}=\dfrac{1}{2}:y=3:4\ \rightarrow\ 3y=2\ \rightarrow\ \therefore\ \overline{BG}=y=\dfrac{2}{3}$$
$$\therefore\ \overline{PG}=\dfrac{5}{4}\overline{BG}=\dfrac{5}{4}\times\dfrac{2}{3}=\dfrac{5}{6}$$

(3) $\overline{GC'}=1-\overline{PG}=1-\dfrac{5}{6}=\dfrac{1}{6}$

(4) 또한, △FC'G도 △EAP와 닮은 삼각형이므로 $\overline{FC'}:\overline{GC'}:\overline{FG}=3:4:5$
$$\therefore\ \overline{FG}=\dfrac{5}{4}\times\overline{GC'}=\dfrac{5}{4}\times\dfrac{1}{6}=\dfrac{5}{24}$$

(5) $\overline{CF}=\overline{CG}-\overline{FG}=\dfrac{1}{3}-\dfrac{5}{24}=\dfrac{3}{24}=\dfrac{1}{8}$ ∎

변의 중점에 꼭짓점을 위치시키는 것(혹은 $1:1$로 분할)으로 재미난 길이들을 한꺼번에 만들어내는 이 접기 방법에 하가는 매혹되었던 것 같습니다. 변의 $\dfrac{1}{n}$ 길이 접기를 하면서 반복되는 접기 방법에 빠져들었을 그의 모습이 상상이 가시나요? 얼마나 즐겁고 신기했을까요?

이제 하가의 정리를 일반화하기 위해 처음 출발점인 P의 위치를 다른 곳으로 옮겨서 $\overline{AP}=x$로 두고, 이때 만들어지는 길이들을 찾아보도록 하겠습니다.

[하가의 제1 정리 일반화하기]

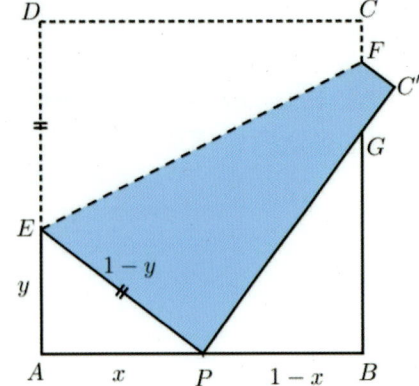

(1) $\overline{AP} = x$, $\overline{AE} = y$ 라 하자. 그러면 $\overline{BP} = 1-x$, $\overline{DE} = \overline{EP} = 1-y$ 가 된다. △ EAP가 직각삼각형이므로 피타고라스 정리를 사용하면

$$x^2 + y^2 = (1-y)^2$$

이를 정리하면 $y = \dfrac{1-x^2}{2}$을 얻을 수 있다.

$$\therefore \overline{EP} = 1 - y = \dfrac{1+x^2}{2}$$

(2) △ EAP와 △ PBG가 서로 닮음이므로

$$\overline{EA} : \overline{AP} = \overline{PB} : \overline{BG} = \dfrac{1-x^2}{2} : x = 1-x : \overline{BG} \quad \rightarrow \quad \therefore \overline{BG} = \dfrac{2x}{1+x}$$

(3) △ EAP와 △ PBG가 서로 닮음을 한 번 더 이용하면

$$\overline{EA} : \overline{EP} = \overline{PB} : \overline{PG} = \dfrac{1-x^2}{2} : \dfrac{1+x^2}{2} = 1-x : \overline{PG}$$

$$\therefore \overline{PG} = \dfrac{1+x^2}{1+x}$$ ■

계산한 결과를 그림에 표시해 볼까요? 하가의 제1 정리는 아래와 같은 길이를 만드는 것을 알 수 있습니다.

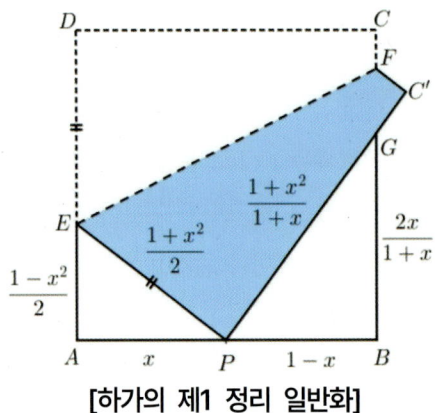

[하가의 제1 정리 일반화]

특히 $x = \dfrac{n}{m}$ (m, n은 $m > n$인 자연수) 꼴의 유리수로 나타내면 $\overline{BG} = \dfrac{2n}{m+n}$이 되므로, 거꾸로 만들고자 하는 $\overline{BG} = \dfrac{2n}{m+n}$를 이루는 자연수 m, n을 찾으면 이 길이를 만들 수 있는 점 P의 위치를 찾을 수 있습니다.

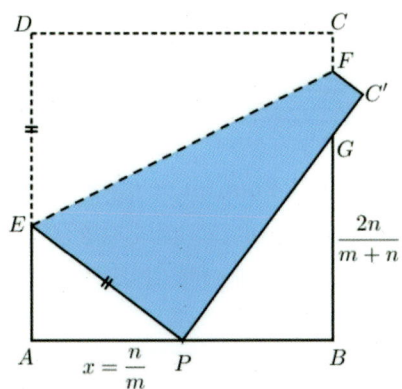

[하가의 제1 정리 일반화 변형]

예를 들면, $\overline{BG} = \dfrac{4}{5}$일 때, $\overline{BG} = \dfrac{4}{5} = \dfrac{2 \times 2}{3+2}$로 만들 수 있으니 $m = 3, n = 2$을 고를 수 있습니다. 즉, $x = \dfrac{2}{3}$일 때 $\overline{BG} = \dfrac{4}{5}$를 바로 찾을 수 있음을 알 수 있습니다.

$\overline{BG} = \dfrac{2n}{m+n}$	$\dfrac{2}{3}$	$\dfrac{2}{5}$	$\dfrac{4}{5}$	$\dfrac{2}{7}$	$\dfrac{4}{7}$	$\dfrac{6}{7}$	⋯
$\overline{AP} = \dfrac{n}{m}$	$\dfrac{1}{2}$	$\dfrac{1}{4}$	$\dfrac{2}{3}$	$\dfrac{1}{6}$	$\dfrac{2}{5}$	$\dfrac{3}{4}$	⋯

[$\overline{BG}$을 찾기 위한 $\overline{AP}$의 길이]

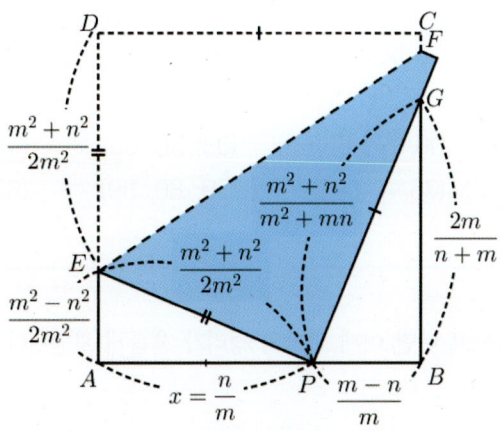

[하가의 제1 정리 일반화 변형 (2)]

Ⅳ. $\dfrac{1}{n}$의 길이와 넓이는 어떻게 접을까?

또 $\triangle EAP$를 기준으로 보면

$$\overline{EA} = \frac{1-x^2}{2} = \frac{m^2-n^2}{2m^2}, \quad \overline{AP} = x = \frac{n}{m}, \quad \overline{EP} = \frac{1+x^2}{2} = \frac{m^2+n^2}{2m^2} \text{가 되므로}$$

$$\overline{EA} : \overline{AP} : \overline{EP} = \frac{m^2-n^2}{2m^2} : \frac{n}{m} : \frac{m^2+n^2}{2m^2} = \frac{m^2-n^2}{2m^2} : \frac{2mn}{2m^2} : \frac{m^2+n^2}{2m^2}$$

$$\therefore \overline{EA} : \overline{AP} : \overline{EP} = m^2-n^2 : 2mn : m^2+n^2 \quad (m, n \text{은 } m > n \text{인 자연수})$$

직각삼각형 세 변의 길이의 비 m^2-n^2, $2mn$, m^2+n^2 은 모두 자연수이므로, 하가의 정리로 접을 때 나타나는 직각삼각형 $\triangle EAP$는 항상 피타고라스 삼각형임도 알 수 있습니다. 그런데 피타고라스 정리를 만족하는 정수인 피타고라스 세 쌍에 대해 알아보면 더욱 신기한 것을 찾을 수 있습니다.

<피타고라스 세 쌍(Pythagorean Triple)>

피타고라스 세 쌍은 직각삼각형에 대한 피타고라스의 정리 $a^2 + b^2 = c^2$을 만족하는 세 쌍의 자연수를 말합니다. 특히, 피타고라스 세 쌍 중 서로소인 세 정수로 이루어진 피타고라스 세 쌍을 **원시 피타고라스 세 쌍(primitive Pythagorean triple)**이라고 부릅니다. 모든 피타고라스 세 쌍은 원시 피타고라스 세 쌍의 배수라고도 할 수 있죠.

이 피타고라스 세 쌍은 m^2-n^2, $2mn$, m^2+n^2 (m, n은 $m > n$인 서로소인 자연수)꼴로 나타낼 수 있습니다.

이를 이용해서 계산할 수 있는 처음 100 이하의 피타고라스 세 쌍은 아래와 같습니다.

(3, 4, 5)   (5, 12, 13)   (8, 15, 17)   (7, 24, 25)
(20, 21, 29) (12, 35, 37)   (9, 40, 41)   (28, 45, 53)
(11, 60, 61) (16, 63, 65)   (33, 56, 65)   (48, 55, 73)
(13, 84, 85) (36, 77, 85)   (39, 80, 89)   (65, 72, 97)

피타고라스 세 쌍을 알아보고 나면 이제 하가의 정리가 새롭게 보입니다. 앞서 우리는 아래와 같은 결론을 얻었습니다.

「하가의 정리로 만드는 직각삼각형은 피타고라스 세 쌍을 만족하는 삼각형이다.」

그런데, 피타고라스 세 쌍을 만드는 식과 하가의 정리 일반화에서 나타나는 △EAP의 길이의 비는 정확히 그 식이 일치합니다. 따라서 다음처럼 바꿀 수도 있겠네요.

「모든 피타고라스 세 쌍은 하가의 정리의 일반화로 만들 수 있는 길이의 비이다.」

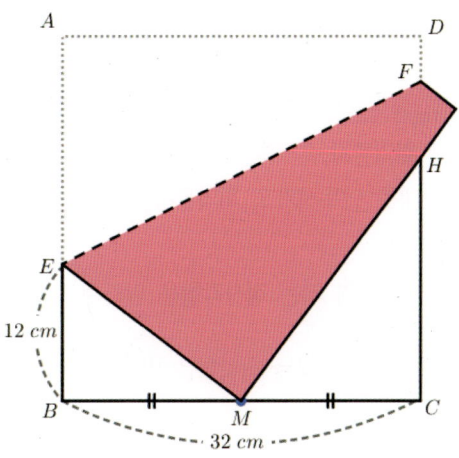

[닮음과 닮음비 ($\overline{CH}$의 길이는?)]

출처 : 중학교 수학3 (비상교육)

교과서 문제에서 출발한 이야기가 정사각형 변의 $\frac{1}{n}$의 길이를 구하는 방법을 거쳐서 어느새 피타고라스의 세 쌍에 대한 이야기까지 흘러왔습니다. 종이접기가 가진 매력이 좀 느껴지실까요?

우리는 이제 언제든 변의 $\frac{1}{n}$의 길이를 접어낼 수 있고, 또 피타고라스 세 쌍을 만들 수 있는 경지에 이르렀습니다.

3. $\frac{1}{n}$의 넓이를 갖는 정사각형은 어떻게 접을까?

앞서 보았던 「스탠포드 수학교수법」 속 종이접기 과제를 다시 살펴봅시다.

종이접기

2명이 짝을 이루어서 한 명은 회의론자, 한 명은 설득하는 사람이 되어 진행합니다. 설득하는 사람은 항상 이유를 들어 설명해 상대를 납득시키고, 회의론자는 항상 근거와 이유를 요구해야 합니다.

1. 원래 정사각형 넓이의 정확히 $\frac{1}{4}$이 되는 정사각형을 만드세요.
2. 원래 정사각형 넓이의 정확히 $\frac{1}{4}$이 되는 삼각형을 만드세요.
3. 원래 정사각형 넓이의 정확히 $\frac{1}{4}$이 되는 또 다른 삼각형을 만드세요.
4. 원래 정사각형 넓이의 정확히 $\frac{1}{2}$이 되는 정사각형을 만드세요.
5. 원래 정사각형 넓이의 정확히 $\frac{1}{2}$이고, '4'에서 만든 정사각형과 방향이 다른 정사각형을 만드세요.

앞서 이 과제를 제시하면서 5번 문제의 핵심이 "원래의 정사각형의 길이를 1이라고 할 때, $\frac{1}{\sqrt{2}}$라는 새로운 길이를 어떻게 만들까?"라는 것을 설명하였습니다. 만약에 이 과제를 변형하여 원래 정사각형 넓이의 $\frac{1}{3}$이 되는 정사각형을 접는다면 어떨까요? 원래 넓이의 $\frac{1}{5}$이 되는 정사각형은요? 각각 $\frac{1}{\sqrt{3}}$과 $\frac{1}{\sqrt{5}}$의 길이를 만들어야 함은 자명합니다. 도대체 이 길이들은 어떻게 접을까요?

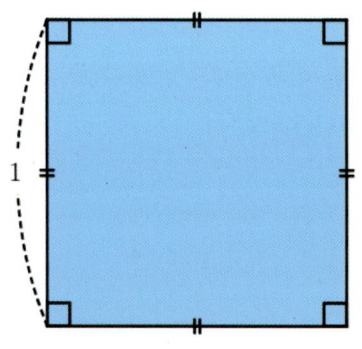

[정사각형 색종이의 변의 길이는 1이다.]

이 장에서는 $\frac{1}{\sqrt{n}}$ (n은 자연수)의 길이를 접는 법이 바로 그 목표입니다. 역시 미리 확인하고 가겠습니다. 이 장에서도 사용하는 정사각형 색종이의 한 변의 길이는 1입니다.

가. 작도에서는 어떻게 할까?

우선 작도라면 어떻게 그려낼 지를 생각하고 들어가겠습니다. 앞서 $\frac{1}{n}$ 접기에서 살펴본 것처럼 작도의 방법은 상당히 유용한 방법이 될 수 있기 때문입니다.

예를 들어 $\frac{1}{\sqrt{5}}$ 을 작도하려면 아래와 같이 작도해야 합니다.

[작도법]

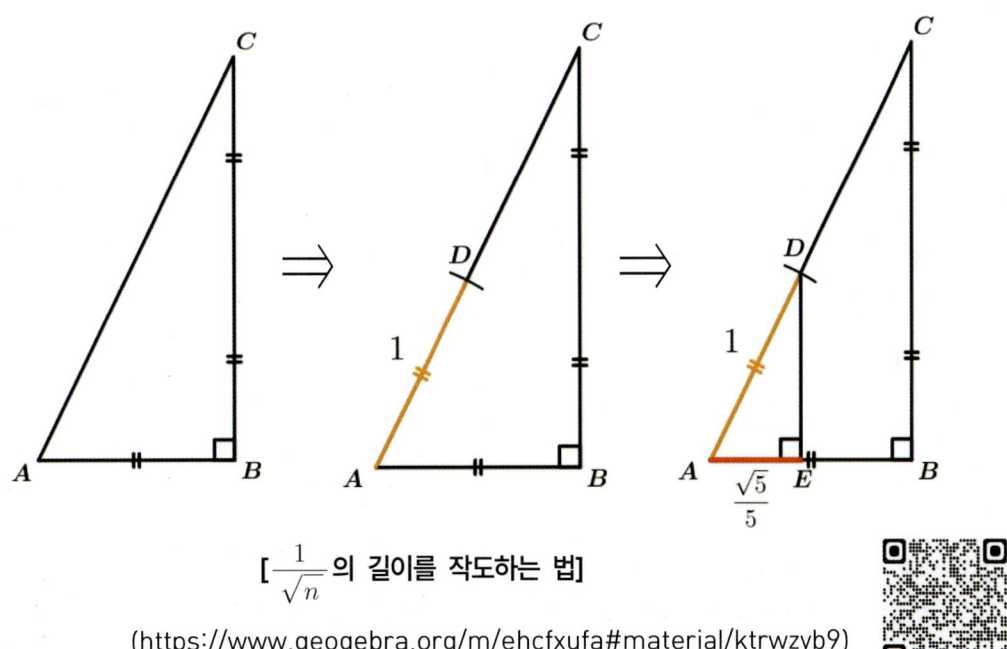

[$\frac{1}{\sqrt{n}}$의 길이를 작도하는 법]

(https://www.geogebra.org/m/ehcfxufa#material/ktrwzyb9)

<작도하는 법>

① 작도하고자 하는 무리수가 포함된 직각삼각형 △ABC를 작도한다.
　이 경우 길이의 비가 $1:2:\sqrt{5}$ 인 직각삼각형을 작도한다.
② 빗변 $\overline{AC}$ 위에 $\overline{AD}=1$인 점 D를 찾는다.
③ 점 D에서 밑변 $\overline{AB}$에 수선을 내려 그 수선의 발을 E라고 하자.
④ △ABC와 △AED는 서로 닮음이므로, $\overline{AE}=\frac{1}{\sqrt{5}}$ 이 된다.

언제나 기본은 중요합니다. 다양한 기하학적 성질을 이용하여 $\frac{1}{n}$ 넓이를 만드는 $\frac{1}{\sqrt{n}}$ 의 길이를 찾아낼 수 있겠지만, 무엇보다도 작도의 방법은 가장 강력하면서도 유용한 수단입니다.

나. 방향이 달라진 넓이가 $\frac{1}{2}$인 정사각형 접기

한번 같이 생각해보겠습니다. 위 과제의 '4번' 원래 정사각형 넓이의 정확히 $\frac{1}{2}$인 정사각형은 접으셨나요? 별로 어렵지 않았죠? 네, 맞습니다. 종이접기 기본형 중 하나인 방석접기를 하면 됩니다. 이미 「교과서 속 종이접기」에서 무리수 도입 활동으로 제시한 그 종이접기입니다. 아래 그림처럼요.

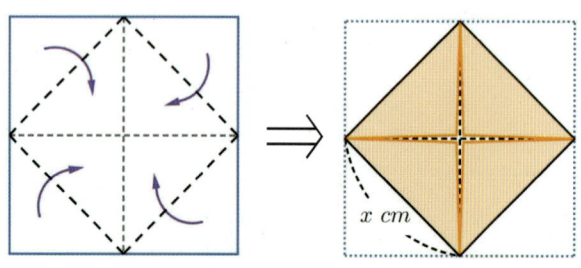

[종이를 접어 만든 사각형의 한 변의 길이는?]

출처 : 중학교 수학3 (두산동아)

그런데 앞선 과제 '5'에선 이 모양과 다른 종이접기 방법을 요구했습니다. 그래서 재미있어지기 시작합니다. 조건으로 달아둔 「'4'에서 만든 정사각형과 방향이 다른 정사각형」이란 아래 그림처럼 만들어진 정사각형의 네 변이 위의 그림과 일치하게 접으면 안 된다는 뜻입니다. 아래 예들은 모두 위 그림을 꾸미려고 접은 것에 불과하죠.

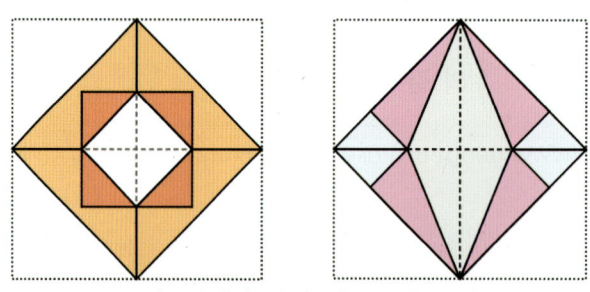

['5번' 과제의 답이 될 수 없는 예]

아니 그러면 어떻게 접어야 하는 거지? 방향이 다르다는 것은 쉽게 설명하면 접는 위치가 달라진다는 것으로 보면 됩니다. 다음은 과제의 답이 될 수 있는 위치입니다. 접고 난 정사각형이 원래 정사각형과 변을 공유하거나, 원래 정사각형의 내부의 아예 달라진 위치에 나타나도록 접거나 하는 것이 답이 됩니다.

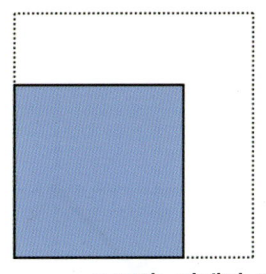 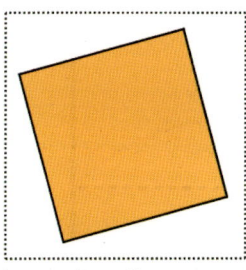

['5번' 과제의 답이 될 수 있는 예]

아니 어떤 마술을 부렸길래 저런 형태로 접을 수 있는 것일까요? 하나씩 살펴보도록 하겠습니다.

1) 접는 법 고민하기

정사각형은 원하는 길이의 선분만 찾으면 쉽게 접을 수 있습니다. 수직선 접기, 컴퍼스 접기 등의 방법을 이용하면 되니까요. 넓이 $\frac{1}{2}$인 정사각형 접기에서 한 변의 길이가 될 선분도 이미 알고 있습니다. 바로 옆의 그림에서 굵게 표시해놓은 길이가 $\frac{1}{\sqrt{2}}$인 선분이죠.

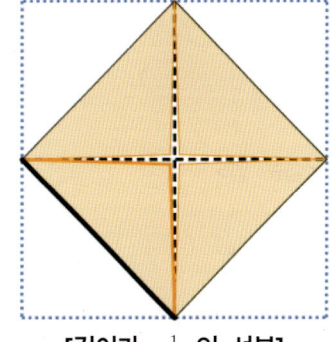

[길이가 $\frac{1}{\sqrt{2}}$인 선분]

자, 여기서 저 선분을 다른 곳으로 옮겨보겠습니다. 우리가 **선분 전체를 한 번에 이동**시킬 때 사용할 수 있는 것은 「종이접기 속 학교 수학」 장에서 본 **「선대칭 도형 만들기」**와 **「컴퍼스 접기」** 뿐입니다.

> **고민의 방향성**
> 1. 저 선분 (또는 길이가 같은 다른 선분)을 어디로 **선대칭**할까?
> 2. 저 선분 (또는 길이가 같은 다른 선분)에 **컴퍼스를 놓고 어디로 회전이동**시킬까?

물론 어떤 방법을 사용하든지 옮겨진 선분에서 정사각형을 다시 접을 공간이 있어야겠죠.

2) 방법 1 - 컴퍼스 접기를 사용하자.

먼저 컴퍼스 접기를 이용해서 저 선분을 회전이동시켜 보겠습니다. 목표지점은 원래 정사각형의 변 위입니다. 그런데 저 선분의 양 끝점 중의 하나를 선택해서 컴퍼스로 원을 그려 회전이동을 시키면 원래 정사각형을 벗어나게 되어버립니다. 이런 어쩌죠?

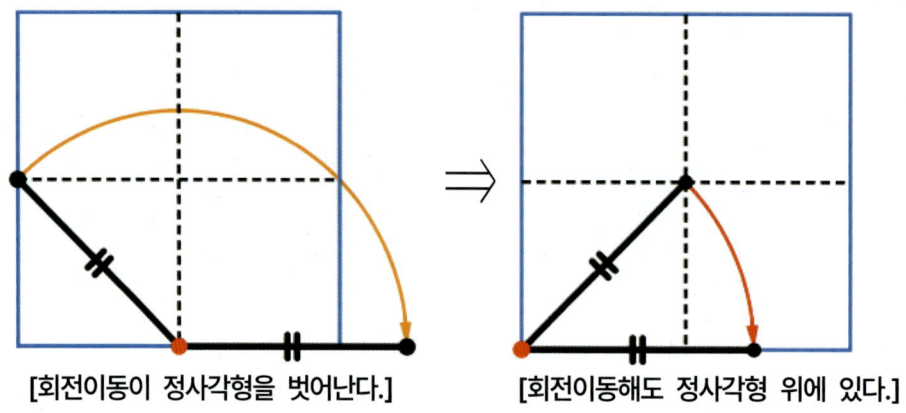

| [회전이동이 정사각형을 벗어난다.] | [회전이동해도 정사각형 위에 있다.] |

답은 의외로 간단합니다. 생각을 바꾸면 되요. 원래 선분에 고집할 필요가 뭐 있겠습니까? 위 그림처럼 컴퍼스로 회전시킬 선분을 바꾸면 되죠. 그럼 자연스럽게 원래 정사각형 변 위로 회전이동할 수 있습니다.

<접는 법>

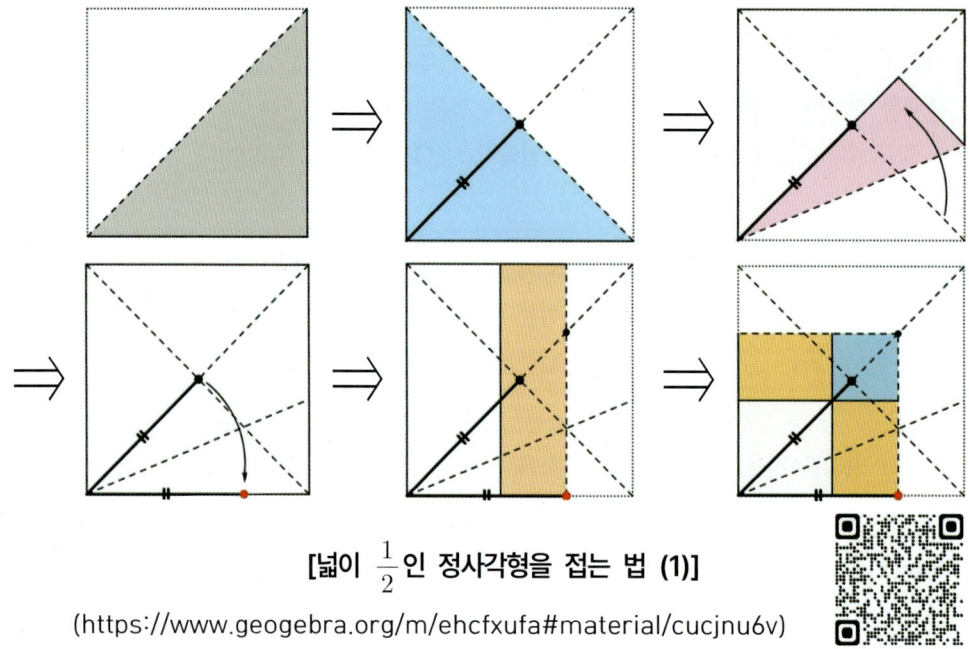

[넓이 $\frac{1}{2}$인 정사각형을 접는 법 (1)]

(https://www.geogebra.org/m/ehcfxufa#material/cucjnu6v)

자 위 그림의 세 번째, 네 번째 단계를 보면 자연스럽게 우리가 고민한 컴퍼스 접기가 자연스럽게 들어가 있죠?

[왜냐하면]

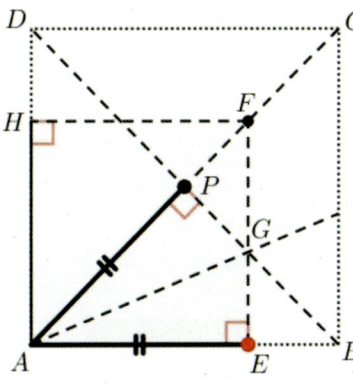

점 P는 두 대각선 $\overline{AC}$, $\overline{BD}$의 교점이므로 중점

∴ $\overline{AP} = \frac{1}{2}\overline{AC} = \frac{\sqrt{2}}{2} = \frac{1}{\sqrt{2}}$

Ⓐ $B \to \overline{AC}$라는 컴퍼스 접기를 했으므로, $\overline{AP} = \overline{AE}$ 가 된다.

∴ $\overline{AE} = \frac{1}{\sqrt{2}}$ 이다.

△AEF는 직각이등변삼각형이므로 $\overline{EF} = \overline{AE}$

△AEF와 △AHF는 $\overline{AF}$가 공통,

∠AEF = ∠AHF = 90°, ∠FAE = ∠FAH = 45°

이므로 RHA합동인 삼각형이다. 따라서 $\overline{AE} = \overline{AH} = \overline{HF}$

∠DAB = 90°이므로 ∠EFH도 ∠EFH = 90°

∴ □$AEFH$는 한 변의 길이가 $\overline{AE} = \frac{1}{\sqrt{2}}$ 인 정사각형으로 그 넓이는 $\frac{1}{2}$ 이다. ■

자, 이제 조금 단계를 줄여볼까요? 접는 법 그림에서 세 번째 그림과 다섯 번째 그림을 잘 살펴보세요. 뭔가 보이시나요? 만약 찾으셨다면 눈썰미가 정말 좋으신 분입니다.

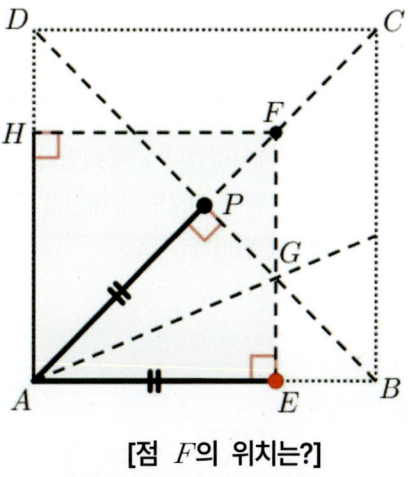

[점 F의 위치는?]

완성한 넓이가 $\frac{1}{2}$인 정사각형 □$AEFH$에서 대각선 $\overline{AF}$의 길이는 계산해보죠.

Ⅳ. $\frac{1}{n}$의 길이와 넓이는 어떻게 접을까?

$$\overline{AF} = \sqrt{2} \times \overline{AE} = \sqrt{2} \times \frac{1}{\sqrt{2}} = 1$$

$\overline{AF} = 1$이라는 것은 $\overline{AB}$를 이용해서 회전이동시켜서 찾을 수 있다는 것입니다. 그러니 접는 법을 바꿔서 아래처럼도 가능한 것이죠. 이 접기 방법은 원래 접기의 세 번째부터 시작합니다.

<접는 법>

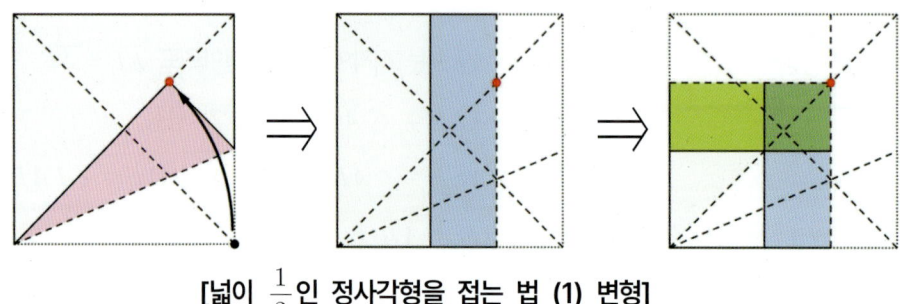

[넓이 $\frac{1}{2}$인 정사각형을 접는 법 (1) 변형]

실은 이 방법은 앞서 설명한 **작도의 방법을 응용**한 것입니다. △ ABC는 길이 비가 $1:1:\sqrt{2}$인 직각삼각형이죠. 거기에 길이가 1인 선분 $\overline{AF}$를 컴퍼스 접기로 찾았으니, 점 F에서 수선을 내리면 그 밑변의 길이는 $\frac{1}{\sqrt{2}}$가 되죠.

2) 방법 2 - 도형의 선대칭를 사용하자.

이번엔 저 선분을 선대칭시키는 방법을 소개하겠습니다. 종이접기의 공리3 (03)에서도 보았듯이 선분은 종이의 크기가 허락하는 한, 어떤 다른 직선 위로도 선대칭할 수 있습니다. 그러니 새롭게 만든 정사각형의 변이 올라갈 변을 접고 시작하면 됩니다.

<접는 법>

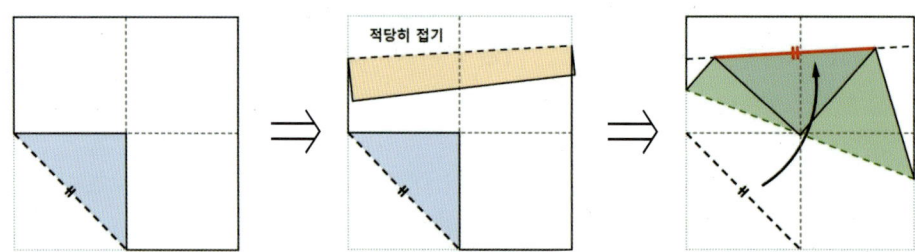

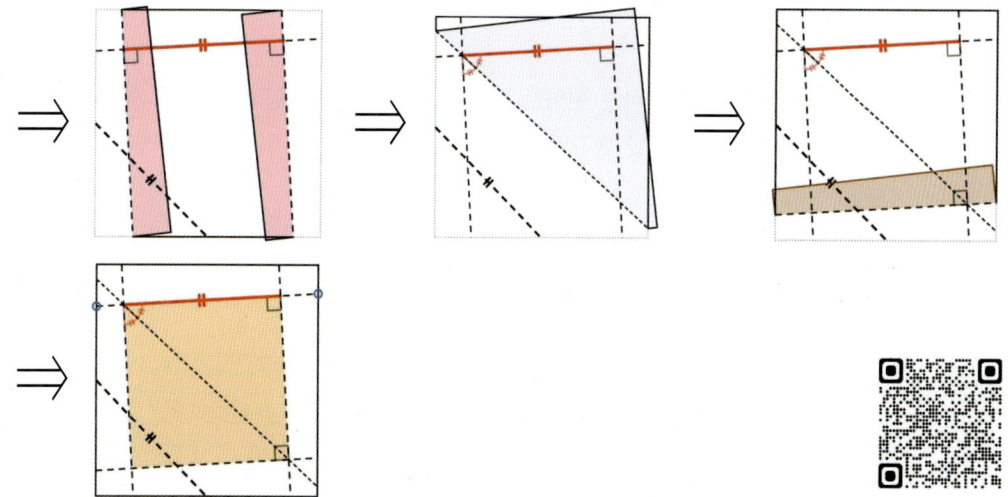

[넓이 $\frac{1}{2}$인 정사각형을 접는 법 (2)]

(https://www.geogebra.org/m/ehcfxufa#material/bvc65jmd)

세 번째 단계에서 선분을 선대칭시키는 것이 보이시나요? 이때의 접은 선은 아래와 같이 반직선 $\overrightarrow{BA}$와 반직선 $\overrightarrow{DC}$의 교점을 P라 할 때, $\angle BPD$의 이등분선 $\overrightarrow{PH}$입니다.

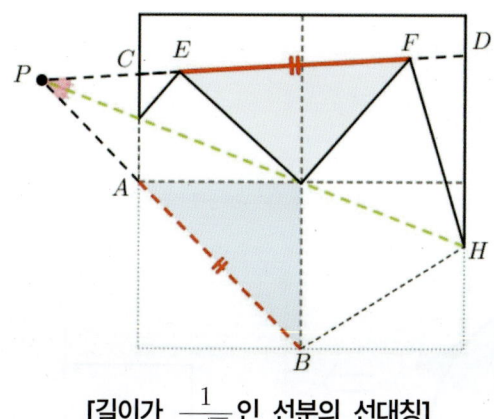

[길이가 $\frac{1}{\sqrt{2}}$인 선분의 선대칭]

이 방법의 좋은 점은 접은 선 $\overline{CD}$를 다양하게 선택할 수 있다는 점입니다. 원래의 정사각형 안에 들어가도록 넓이가 $\frac{1}{2}$인 정사각형을 만들 수 있는 선분은 모두 사용할 수 있습니다.

위 QR코드로 접속하면 볼 수 있는 지오지브라 활동에서 한번 확인해보세요. 과연 접은 선 $\overline{CD}$는 어떤 범위 안에 존재할까요? 이것도 흥미로운 문제입니다.

다. 넓이가 $\frac{1}{3}$인 정사각형 접기

우선 미리 집고 가겠습니다. 이번부터는 원하는 길이의 선분을 정사각형의 변 위로 옮기면, 정사각형 접는 부분은 생략하겠습니다. 수직선 접기와 직각의 이등분선 찾기를 이용하면 금새 만들 수 있으니까요.

넓이가 $\frac{1}{3}$이려면 한 변의 길이가 $\frac{1}{\sqrt{3}} = \frac{\sqrt{3}}{3}$이어야 하죠. 일단, $\sqrt{3}$이란 값이 나오는 경우를 생각해봅시다. 학교에서 수학을 공부하면서 언제 $\sqrt{3}$이 등장하나요? 네, 다음의 3가지 경우에 $\sqrt{3}$이 나타납니다.

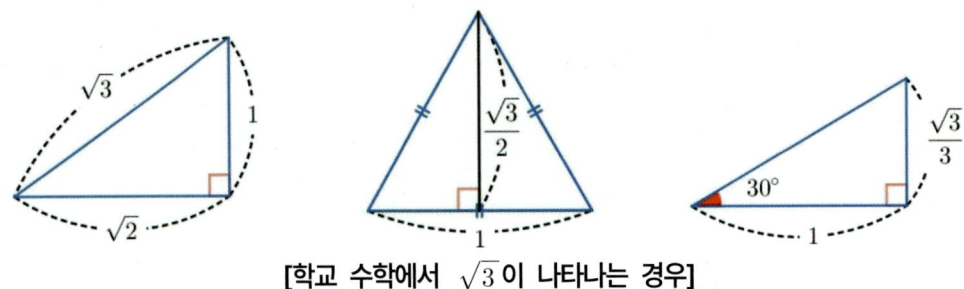

[학교 수학에서 $\sqrt{3}$이 나타나는 경우]

오, 이 중에 이미 $\frac{\sqrt{3}}{3} = \frac{1}{\sqrt{3}}$을 만드는 경우가 있네요. 바로 30°가 있는 직각삼각형입니다. $\tan 30° = \frac{1}{\sqrt{3}}$이니, 저 직각삼각형을 종이접기로 만들어내면 됩니다. 앞서 「컴퍼스 접기」를 소개한 뒤 이를 이용해서 「정삼각형 접기」를 소개한 바 있습니다. 정삼각형을 접을 수 있다는 것은 60°를 접을 수 있다는 것이니, 60°를 이등분하면 30°가 되겠군요!

자, 그럼 접겠습니다.

<접는 법>

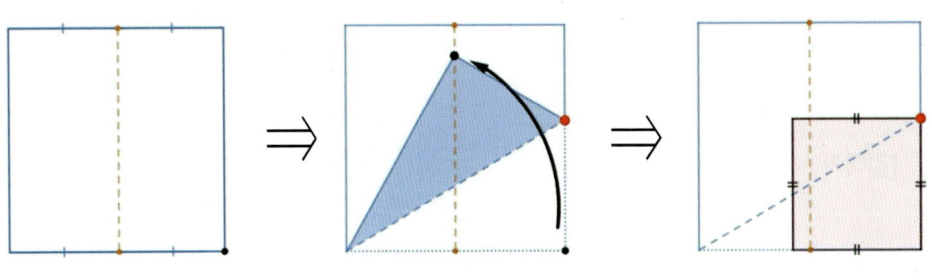

[넓이 $\frac{1}{3}$인 정사각형을 접는 법]

(https://www.geogebra.org/m/ehcfxufa#material/qvs7rxxh)

작도의 방법을 응용해도 됩니다. 우리는 앞서 $\dfrac{1}{\sqrt{2}} = \dfrac{\sqrt{2}}{2}$ 를 접는 법을 찾아뒀습니다. $1:\sqrt{2}:\sqrt{3}$ 의 길이의 비를 갖는 직각삼각형을 만든 다음에, 닮음비를 활용하는 작도의 방법으로 $\dfrac{1}{\sqrt{3}}$ 의 길이를 만들 수 도 있습니다.

<접는 법>

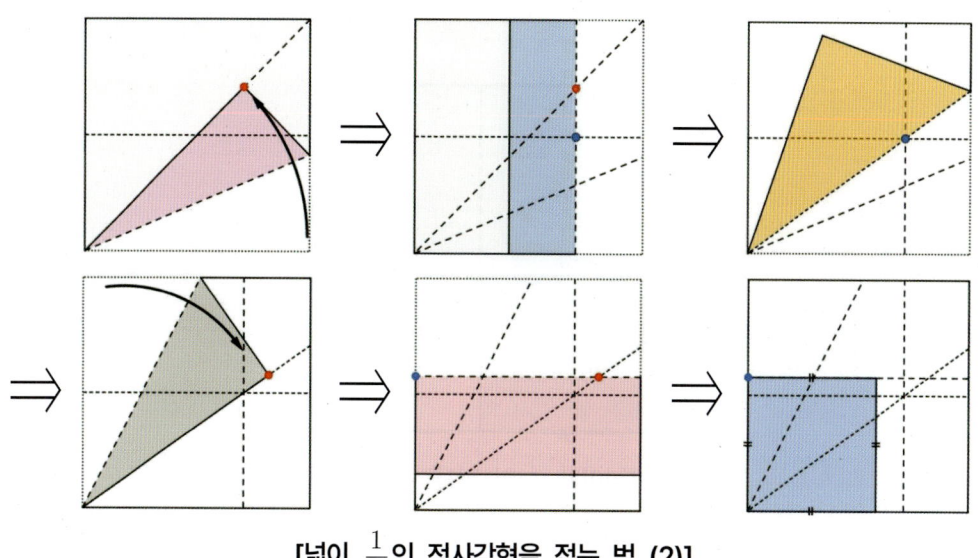

[넓이 $\dfrac{1}{3}$ 인 정사각형을 접는 법 (2)]

[왜냐하면]

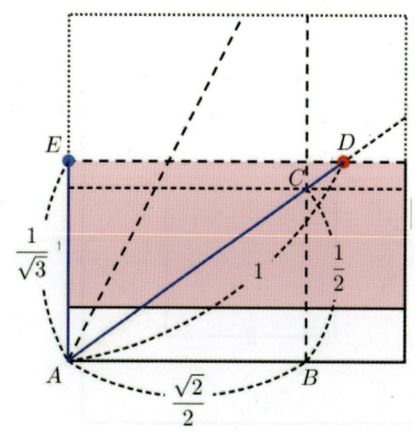

$\overline{BC} = \dfrac{1}{2}$, $\overline{AB} = \dfrac{\sqrt{2}}{2}$ 이므로 $\triangle CBA$의 세 변의 길이의 비는 $1:\sqrt{2}:\sqrt{3}$ 이다.

따라서 닮음 삼각형인 $\triangle AED$의 세 변의 길이의 비 또한 $1:\sqrt{2}:\sqrt{3}$ 이 된다.

이때, 빗변의 길이 $\overline{AD} = 1$ 이므로

∴ $\overline{AE} = \dfrac{1}{\sqrt{3}}$

따라서 $\overline{AE}$를 한 변으로 갖는 정사각형은 그 넓이가 $\dfrac{1}{3}$ 이 된다. ∎

다만, 이렇게 작도를 단순하게 응용해서 접는 방법은 먼저 본 tan30°보다 접는 단계가 길어서 오류가 발생하기 쉬운 단점이 있습니다.

라. 넓이가 $\frac{1}{4}$인 정사각형 접기

넓이가 $\frac{1}{4}$인 정사각형 접기는 $\frac{1}{2}$인 정사각형 접기를 반복하면 되는 것이지 대표적인 모습 2가지만 확인하고 넘어가겠습니다. 단순히 변의 길이를 $\frac{1}{2}$로 줄이면 되죠.

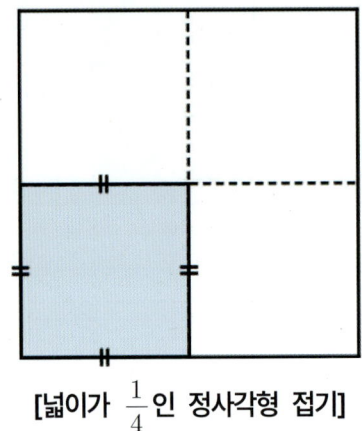

[넓이가 $\frac{1}{4}$인 정사각형 접기]

그런데 특히나 우리는 $\frac{1}{2}$의 넓이를 가지는 정사각형을 접는 가장 단순한 방법, 바로 방석접기를 알고 있습니다. 이를 이용하면 언제든 $\frac{1}{2^k}$ (k는 자연수)의 넓이를 갖는 정사각형을 접을 수 있죠. 그러므로 아래처럼 $\frac{1}{4}$의 넓이를 갖는 정사각형도 접을 수 있죠.

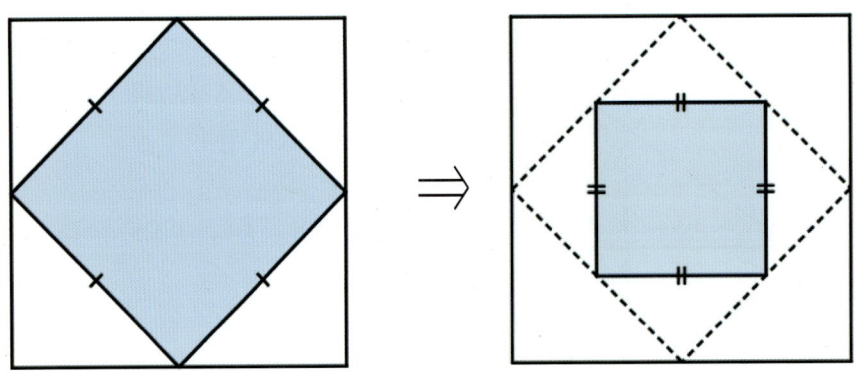

[방석 접기로 $\frac{1}{4}$의 넓이를 접는 법]

이는 $\frac{1}{n}$ 접기 ($n \geq 3$인 자연수)에 대해서도 같은 논리를 적용할 수 있으므로 아래와 같은 결론을 얻을 수 있습니다.

> **$\frac{1}{n}$접기의 확장**
>
> 자연수 p, q에 대해, 넓이가 $\frac{1}{p}$과 $\frac{1}{q}$(는 자연수)인 정사각형을 접는데 성공했다고 하자.
> 그러면 새로이 $\frac{1}{p^m \times q^n}$(단, m, n은 0 또는 자연수)의 넓이를 가지는 정사각형을 접을 수 있다.

마. 넓이가 $\frac{1}{5}$인 정사각형 접기

드디어 직관적으로 만들기 어려운 넓이 $\frac{1}{5}$의 정사각형 접기, 바로 $\frac{1}{\sqrt{5}}$의 길이 접기입니다. 만약 제목을 보자마자 접는 법이 떠올랐다면, 도형을 활용한 경험이 많은 사람일 것입니다. 하지만 보통의 우리는 그렇지 못하죠. 그래서 우선 작도로 만드는 법부터 시작해보겠습니다.

1) 작도를 응용한 방법

우리는 앞서 $\frac{1}{\sqrt{5}}$를 작도하는 방법을 살펴보았습니다. 여기에서는 길이의 비가 $1 : 2 : \sqrt{5}$인 직각삼각형을 활용합니다.

다만, 정사각형 한 변의 길이가 1 이므로 2와 $\sqrt{5}$는 정사각형 안에 존재하지 않습니다. 따라서 이 길이들을 모두 $\frac{1}{2}$씩 줄인, $\frac{1}{2} : 1 : \frac{\sqrt{5}}{2}$의 길이가 되는 직각삼각형을 접어서 사용하고자 합니다.

<접는 법>

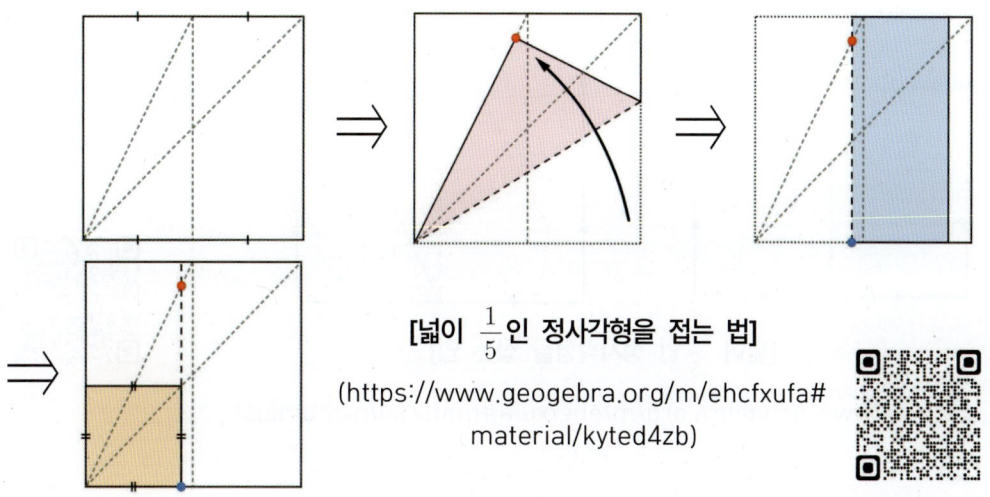

[넓이 $\frac{1}{5}$인 정사각형을 접는 법]
(https://www.geogebra.org/m/ehcfxufa#material/kyted4zb)

[왜냐하면]

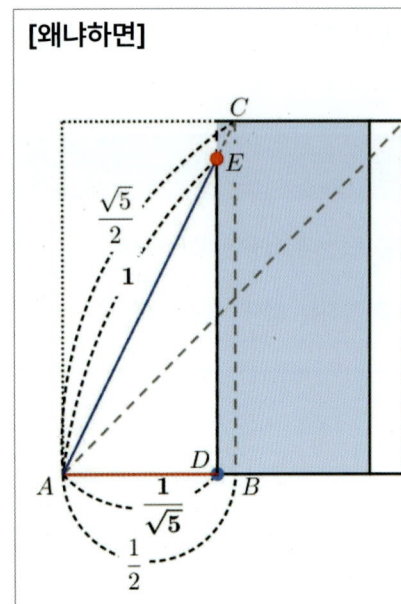

$\overline{AB} = \dfrac{1}{2}$, $\overline{BC} = 1$이므로 △ABC의 세 변의 길이의 비는 $1 : 2 : \sqrt{5}$이다.

따라서 닮음 삼각형인 △ADE의 세 변의 길이의 비 또한 $1 : 2 : \sqrt{5}$이 된다.

이때, 빗변의 길이 $\overline{AE} = 1$이므로

∴ $\overline{AD} = \dfrac{1}{\sqrt{5}}$

따라서 $\overline{AD}$를 한 변으로 갖는 정사각형은 그 넓이가 $\dfrac{1}{5}$이 된다. ■

2) 도형의 성질을 이용한 방법

이것과는 별도로 넓이가 $\dfrac{1}{5}$인 정사각형을 접는 더 쉬운 방법이 있습니다. 보시면 "아하!"라고 생각할 것입니다.

<접는 법>

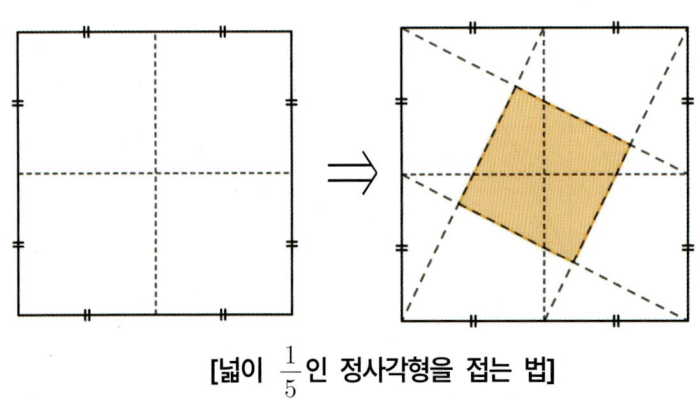

[넓이 $\dfrac{1}{5}$인 정사각형을 접는 법]

(https://www.geogebra.org/m/ehcfxufa#material/nymumkjs)

굉장히 간단하죠? 실제로 종이를 이렇게 접어본 경험이 있는 사람도 많을 것입니다.

[왜냐하면 (1)]

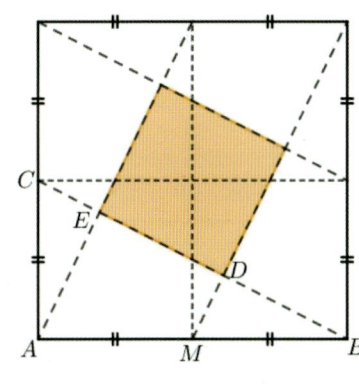

$\triangle ABC$에서 $\overline{AB}=1$, $\overline{AC}=\dfrac{1}{2}$, $\overline{BC}=\dfrac{\sqrt{5}}{2}$이다.

$\triangle BEA$는 $\triangle ABC$와 닮음이고, $\overline{AB}=1$이므로

$\overline{BE}=\dfrac{2}{\sqrt{5}}$가 된다.

또한, $\triangle BDM$도 $\triangle ABC$와 닮음이고, $\overline{BM}=\dfrac{1}{2}$이므로

$\overline{BD}=\dfrac{1}{\sqrt{5}}$가 된다.

$\therefore \overline{DE}=\overline{BE}-\overline{BD}=\dfrac{1}{\sqrt{5}}$ ∎

[왜냐하면 (2)]

위의 $\triangle BDM$과 그와 합동인 다른 삼각형을 움직여 봐도 확인할 수 있습니다.

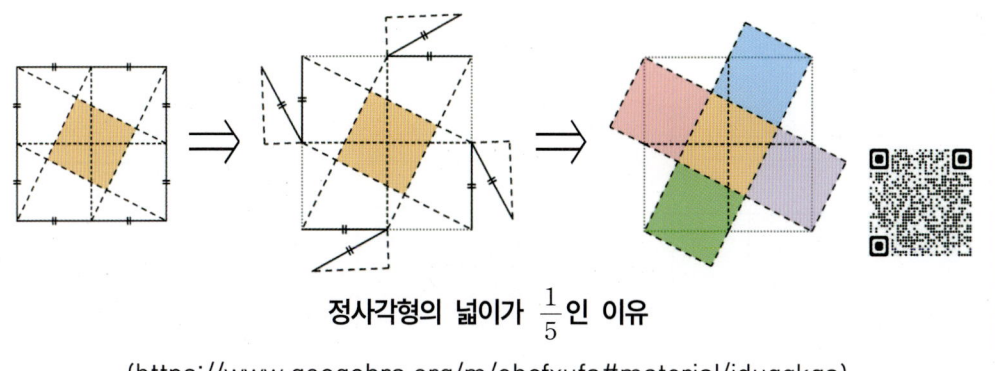

정사각형의 넓이가 $\dfrac{1}{5}$인 이유

(https://www.geogebra.org/m/ehcfxufa#material/jdugqkga)

바. 넓이가 $\dfrac{1}{7}$인 정사각형 접기

만약 $\dfrac{1}{7}$의 넓이를 접으려면요? 이제 많이 어려워진 단계로 넘어왔습니다. 이번에도 작도의 방법과 다른 방법의 두 가지 방법을 제시하고자 합니다.

1) 작도를 응용한 방법

앞의 접기 방법과 마찬가지로 $\sqrt{7}$을 포함하는 직각삼각형을 접은 뒤, 닮음의 성질을 이용해서 $\dfrac{1}{\sqrt{7}}$의 길이를 만들고자 합니다. 이때 사용할 수 있는 직각삼각형은 길이의 비를 $1 : \sqrt{6} : \sqrt{7}$로 갖는 직각삼각형입니다.

<접는 법>

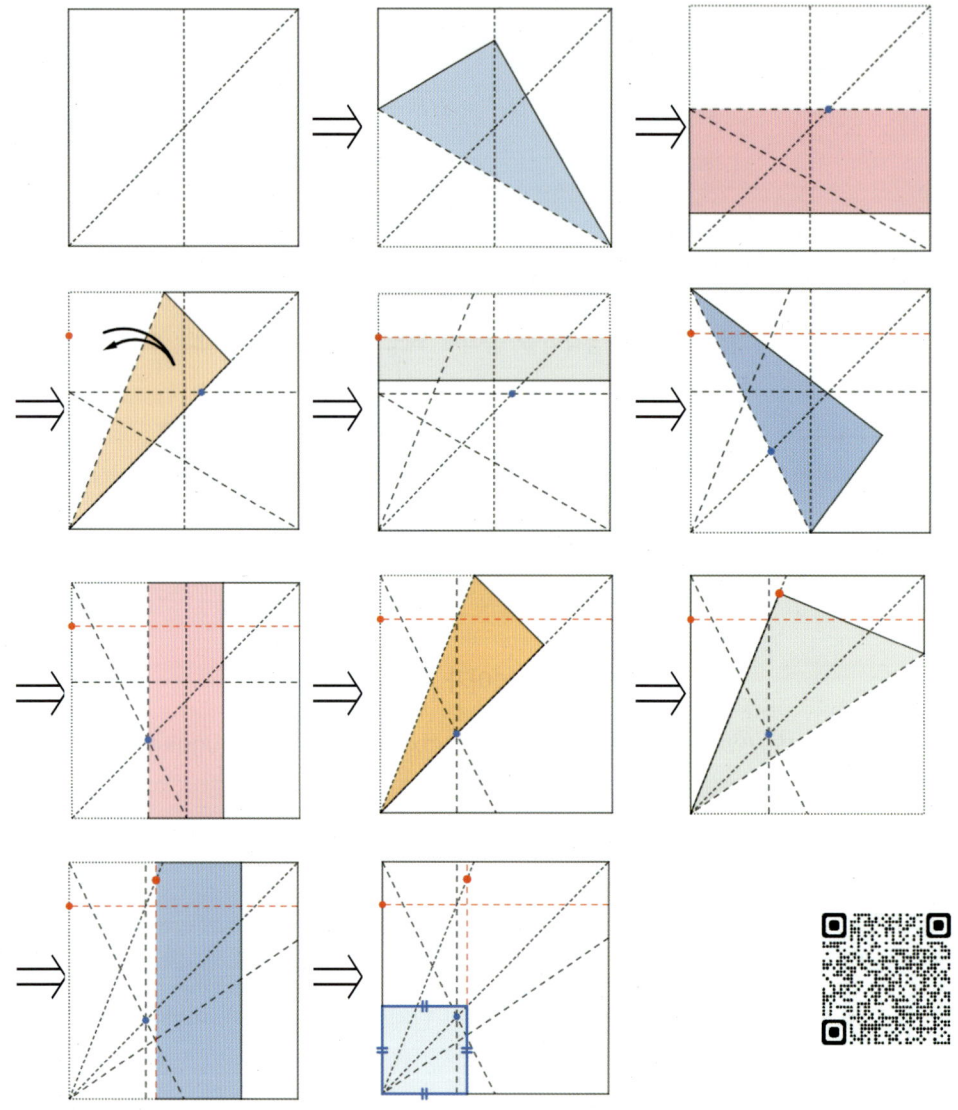

[작도를 응용한 넓이 $\dfrac{1}{7}$인 정사각형을 접는 법]

(https://www.geogebra.org/m/ehcfxufa#material/stwejfhr)

[왜냐하면]

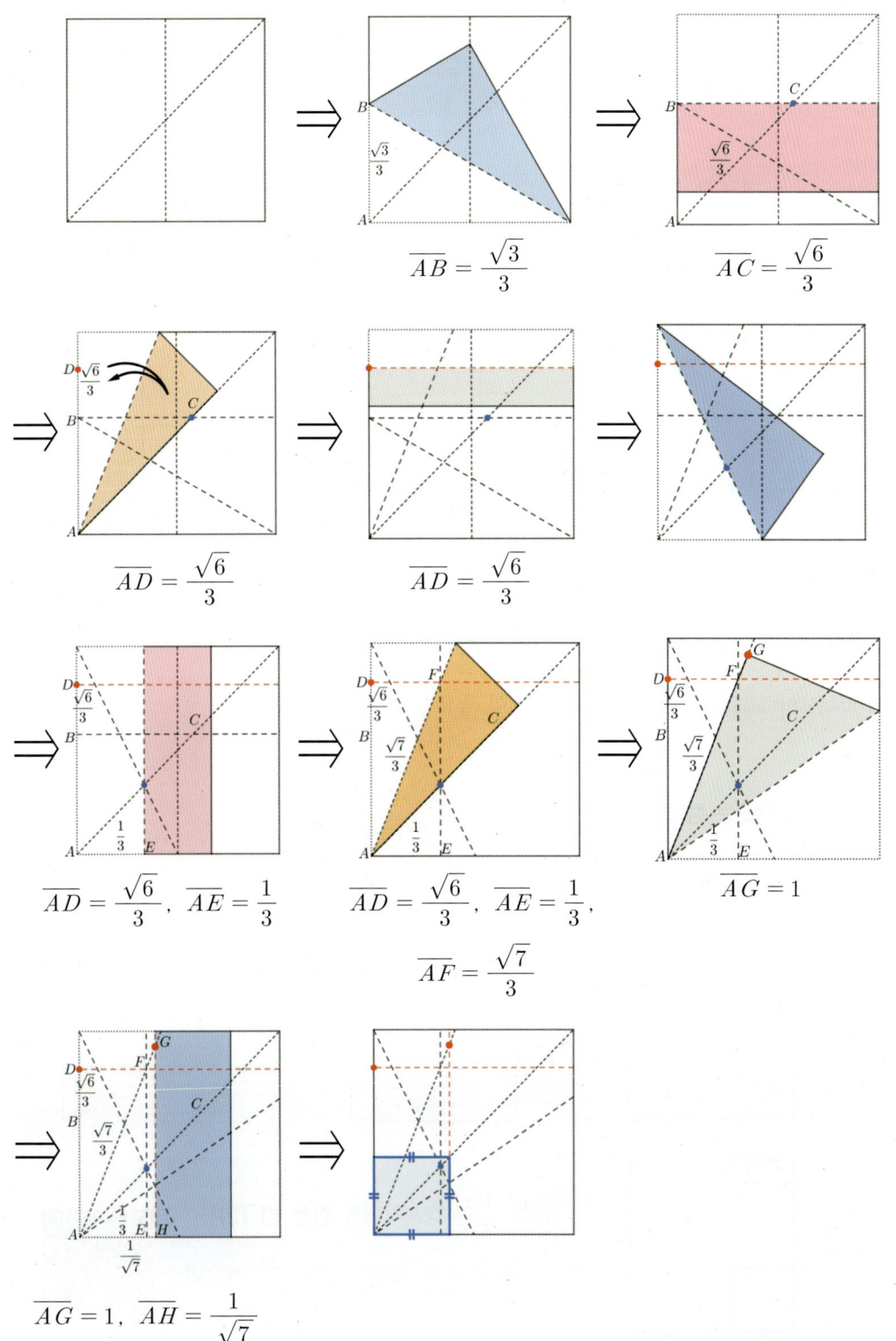

$\overline{AB} = \dfrac{\sqrt{3}}{3}$

$\overline{AC} = \dfrac{\sqrt{6}}{3}$

$\overline{AD} = \dfrac{\sqrt{6}}{3}$

$\overline{AD} = \dfrac{\sqrt{6}}{3}$

$\overline{AD} = \dfrac{\sqrt{6}}{3}, \ \overline{AE} = \dfrac{1}{3}$

$\overline{AD} = \dfrac{\sqrt{6}}{3}, \ \overline{AE} = \dfrac{1}{3},$

$\overline{AF} = \dfrac{\sqrt{7}}{3}$

$\overline{AG} = 1$

$\overline{AG} = 1, \ \overline{AH} = \dfrac{1}{\sqrt{7}}$

Ⅳ. $\dfrac{1}{n}$의 길이와 넓이는 어떻게 접을까?

굉장히 긴 단계를 거쳐서 넓이가 $\frac{1}{7}$인 정사각형을 접어냈습니다. 이 방법은 이론적으론 가능하지만, 실제로는 오차가 굉장히 커지는 방법입니다. 일단 단계가 길어서 실수하기 쉽습니다. 또, 위 그림에선 접은 선이 너무 많아져서 방해하지 않도록 먼저 접은 선을 생략했는데, 길이의 비가 $1 : \sqrt{6} : \sqrt{7}$ 인 직각삼각형을 접는 8번째 그림에서 4번째 그림에서 접었던 선과 거의 차이가 나지 않는 선을 접게 됩니다.

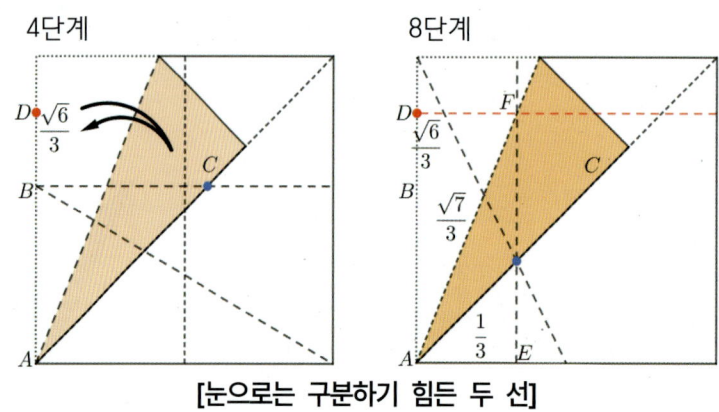

[눈으로는 구분하기 힘든 두 선]

실제로 「4단계」에서 접은 종이의 각도는 $22.5°$이고, 「8단계」에서 접은 종이의 각도는 $\arctan\left(\frac{1}{\sqrt{6}}\right) ≒ 22.21°$이기에, 둘의 차이는 약 $0.29°$에 불과합니다.

이대로는 어렵습니다. 무엇인가 다른 방법이 필요합니다!

2) $\frac{1}{\sqrt{7}}$을 만드는 컴퍼스 접기

<접는 법>

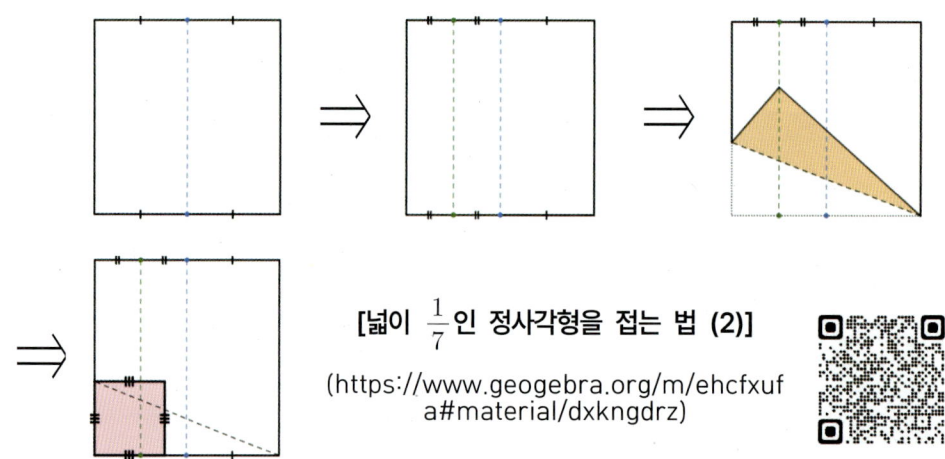

[넓이 $\frac{1}{7}$인 정사각형을 접는 법 (2)]

(https://www.geogebra.org/m/ehcfxufa#material/dxkngdrz)

어, 이게 뭐죠? 조금 전 작도를 활용한 방법으로 $\dfrac{1}{\sqrt{7}}$의 길이를 접기 위해 한 길고 긴 작업이 무색하게 짧게 끝나버렸습니다. 어째서 가능한 것일까요?

우선 닮음과 삼각비를 이용한 방법으로 살펴보죠.

[왜냐하면(1)] 닮음을 이용하기

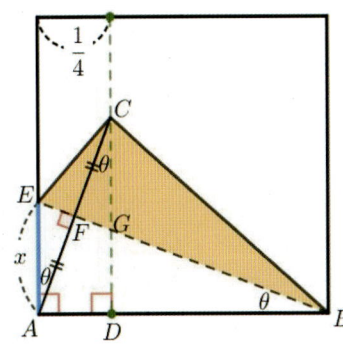

(1) 우선 종이를 접었으므로 $\overline{AF} = \overline{CF}$가 된다.
또한 $\overline{CD}$는 밑변에 수직이므로 $\overline{AE} \parallel \overline{CD}$
→ $\angle EAF = \theta = \angle FCG$
$\angle AFE = 90°$이므로
∴ $\triangle AFE \equiv \triangle CFG$ (ASA합동)

(2) $\overline{AE} = \overline{CG} = x$라 하자.

$\triangle BAE$에서 $\tan\theta = \dfrac{\overline{AE}}{\overline{AB}} = x$

$\angle DBG = \theta$이고, $\overline{BD} = \dfrac{3}{4}$이므로

$\overline{GD} = \dfrac{3}{4}\tan\theta = \dfrac{3}{4}x$

(3) $\overline{CD} = \overline{CG} + \overline{GD} = \dfrac{7}{4}x$

그런데, $\triangle CDA$에서 $\tan\theta = \dfrac{\overline{AD}}{\overline{CD}} = \dfrac{1}{4\overline{CD}} = x \rightarrow \overline{CD} = \dfrac{1}{4x}$

따라서 $\dfrac{7}{4}x = \dfrac{1}{4x} \rightarrow x^2 = \dfrac{1}{7}$

∴ $x = \dfrac{1}{\sqrt{7}}$ ($x > 0$) ∎

삼각함수의 배각공식을 이용하는 방법도 있습니다.

[왜냐하면(2)] 삼각함수의 배각공식 이용하기

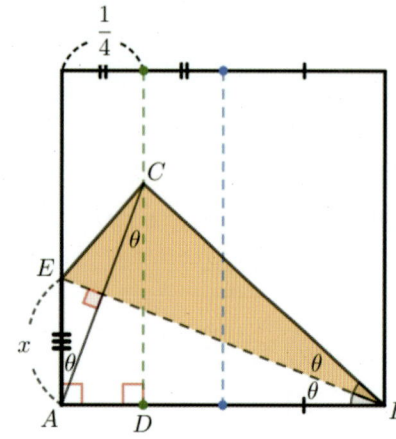

$\overline{AE}=x, \angle ABE = \angle CBE = \theta$, $\overline{AD}=\dfrac{1}{4}$이라 하자. 그러면 $\angle EAC = \angle ACD = \theta$가 된다.

$\triangle BAE$에서 $\tan\theta = \dfrac{\overline{AD}}{\overline{AB}} = \dfrac{x}{1} = x$

$\triangle CDA$에서 $\tan\theta = \dfrac{\overline{AD}}{\overline{CD}} = \dfrac{1}{4\overline{CD}}$

$\to \overline{CD} = \dfrac{1}{4x}$

$\triangle BDC$에서 $\overline{CD} = \tan 2\theta \times \overline{BD} = \dfrac{3}{4}\tan 2\theta$

그런데, $\tan 2\theta = \dfrac{2\tan\theta}{1-\tan^2\theta}$이므로

$\to \overline{CD} = \dfrac{3}{4}\tan 2\theta = \dfrac{3}{4} \times \dfrac{2\tan\theta}{1-\tan^2\theta} = \dfrac{6x}{4(1-x^2)}$

따라서 $\overline{CD} = \dfrac{1}{4x} = \dfrac{6x}{4(1-x^2)} \to 1-x^2 = 6x^2 \to 7x^2 = 1$

$\therefore x = \dfrac{1}{\sqrt{7}}\ (x>0)$ ∎

위 접기에서 $\triangle BDC$의 세 변의 길이 $\overline{BD} = \dfrac{3}{4}$, $\overline{CD} = \dfrac{7}{4}x = \dfrac{\sqrt{7}}{4}$, $\overline{BC} = 1 = \dfrac{4}{4}$가 됩니다. 자연스럽게 「$3:\sqrt{7}:4$라는 길이의 비를 갖는 직각삼각형 $\triangle BDC$」를 만들어서 이용했네요.

우리의 생각이 작도의 방법에만 고정되었을 때 빗변을 $\sqrt{7}$을 만드는 것 방법밖에 보이지 않았습니다. 그런데 $\sqrt{7}$을 다른 변으로 사용하니 또 다른 길이 보이네요.

그런데, 이 방법을 다른 $\dfrac{1}{n}$ 넓이를 갖는 정사각형을 접는 것에는 응용할 수는 없을까요?

사. 컴퍼스 접기로 $\dfrac{1}{\sqrt{n}}$의 길이를 접는 법

앞서 접고 시작했던 길이 $\dfrac{1}{4}$ 대신에 $\dfrac{k}{n}$ (n, k는 $k \leq n$인 자연수) 라는 길이를 접고 시작하는 경우는 어떻게 될까요? 한번 일반화시켜 보겠습니다.

컴퍼스 접기 속 무리수 길이 (1)

ⓑ $A \to \overline{DE}$를 하였을 때, $\overline{AD} = \dfrac{k}{n}$이면

$\overline{AC} = \sqrt{\dfrac{k}{2n-k}}$ 가 된다. (단, n, k는 $k \leq n$인 자연수)

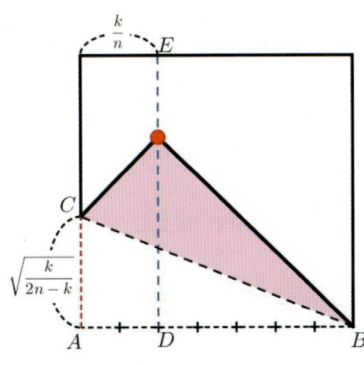

[컴퍼스 접기로 만들어지는 길이]

(https://www.geogebra.org/m/ehcfxufa#material/qsrvnrym)

앞서 「넓이가 $\dfrac{1}{7}$인 정사각형 접기 (2)」와 과정은 동일합니다. 따라서 한 가지 방법으로만 보이고자 합니다.

[왜냐하면]

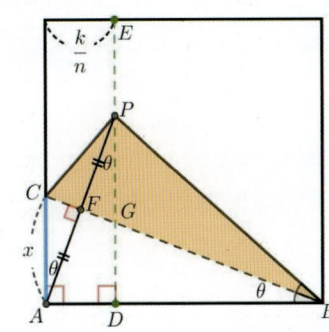

(1) 우선 종이를 접었으므로 $\overline{AF} = \overline{PF}$가 된다.
또한 $\overline{DP}$는 밑변에 수직이므로 $\overline{AC} \parallel \overline{DP}$
$\to \angle CAF = \theta = \angle FPG$
$\angle AFC = 90°$이므로
$\therefore \triangle AFC \equiv \triangle PFG$ (ASA합동)

Ⅳ. $\dfrac{1}{n}$의 길이와 넓이는 어떻게 접을까?

(2) $\overline{AC} = \overline{PG} = x$ 라 하자.

$\triangle BAC$에서 $\tan\theta = \dfrac{\overline{AC}}{\overline{AB}} = x$

$\angle DBG = \theta$이고, $\overline{BD} = 1 - \dfrac{k}{n} = \dfrac{n-k}{n}$

$\overline{GD} = \dfrac{n-k}{n}\tan\theta = \dfrac{n-k}{n}x$

(3) $\overline{PD} = \overline{PG} + \overline{GD} = x + \dfrac{n-k}{n}x = \dfrac{2n-k}{n}x$

그런데, $\triangle PDA$에서 $\tan\theta = \dfrac{\overline{AD}}{\overline{PD}} = \dfrac{k}{n\overline{PD}} = x \rightarrow \overline{PD} = \dfrac{k}{nx}$

따라서 $\dfrac{2n-k}{n}x = \dfrac{k}{nx} \rightarrow x^2 = \dfrac{k}{2n-k}$

$\therefore x = \sqrt{\dfrac{k}{2n-k}}\ (x > 0)$ ∎

자, 이제 $k=1$로 두면 $x = \sqrt{\dfrac{1}{2n-1}}$ 이 됩니다. $n = 2, 3, 4, \ldots$ 이면 $x = \sqrt{\dfrac{1}{3}}, \sqrt{\dfrac{1}{5}}, \sqrt{\dfrac{1}{7}}, \ldots$ 와 같이 분자는 1이고 분모를 홀수로 갖는 무리수의 길이 $\sqrt{\dfrac{1}{2n-1}}$ 가 항상 나타나는 것을 확인 가능합니다.

더 좋은 방법도 있습니다. $k=2$로 두면, $x = \sqrt{\dfrac{2}{2n-2}} = \sqrt{\dfrac{1}{n-1}}$ 이 됩니다. $n = 3, 4, 5, \ldots$ 이면 $x = \sqrt{\dfrac{1}{2}}, \sqrt{\dfrac{1}{3}}, \sqrt{\dfrac{1}{4}}, \ldots$ 을 만들어 낼 수 있습니다.

이미, 앞 장에서 「하가의 정리」를 이용해서서 $\dfrac{1}{n}$ 의 길이를 만들 수 있음을 살펴보았습니다. 이제 우리는 「하가의 정리」와 「컴퍼스 접기」이 두 가지를 이용해서 언제든 $\dfrac{1}{n}$ 의 넓이를 갖는 정사각형을 쉽게 접어낼 수 있습니다.

V. 내가 원하는 길이 접기

$\dfrac{1}{n}$의 길이와 $\dfrac{1}{\sqrt{n}}$의 길이도 접어냈으니, 이제 수학을 사용하면서 볼 수 있는 길이들을 만들어 보고자 합니다. 수학 시간에 다양한 방정식을 해결하면서 만나는 숫자들은 너무도 다양합니다. $\sqrt{n}$ 같은 길이는 이미 작도의 방법으로 접는 법을 살펴보았습니다. 그런데 $\sqrt{3}-1$은요? 황금비율 $\phi = \dfrac{1+\sqrt{5}}{2}$와 같은 길이는요? 혹시 $\dfrac{1}{2}\left(1+\sqrt{5}-\sqrt{10-2\sqrt{5}}\right)$와 같이 복잡한 형태도 가능할까요?

여러 가지 숫자를 던져대며 물어보니 정신없죠? 천천히 종이를 접어 만들어 봅시다.

1. $\sqrt{n}$의 길이를 접는 방법

우리는 이미 $\sqrt{n}$를 이용해서 $\sqrt{n+1}$를 접는 법을 살펴보았습니다. 이번엔 그 방법이 아닌 다른 방법으로 접어내는 방법을 알아보죠. 학교 수학 시간에 한 번씩 만나는 그림을 하나 불러와 봅시다.

> **반원 속 기하평균**
>
> 지름이 $\overline{AB}$이고 중심이 O인 반원이 주어져 있다. $\overline{AD} = a$, $\overline{BD} = b$일 때, $\overline{CD} = \sqrt{ab}$가 된다.

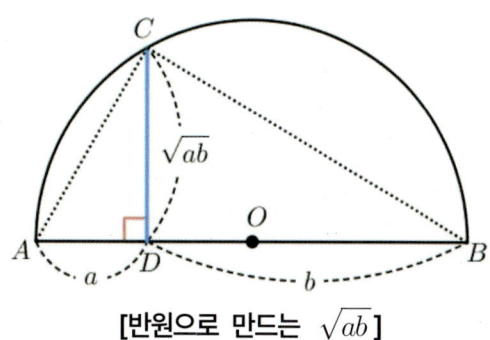

[반원으로 만드는 $\sqrt{ab}$]

[왜냐하면]

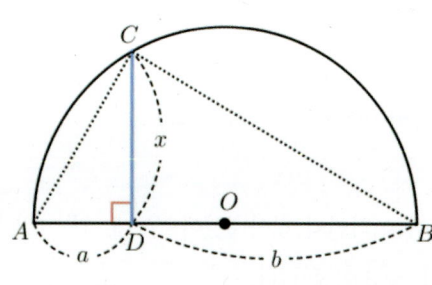

$\overline{CD} = x$로 두자.

$\angle ACB = \dfrac{1}{2} \angle AOB = 90°$이고

$\angle ACD + \angle BCD = 90°$

$\angle ACD + \angle CAD = 90°$

$\angle BCD + \angle CBD = 90°$

따라서 $\angle ACD = \angle CBD$, $\angle CAD = \angle BCD$

그러므로 $\triangle ADC$와 $\triangle CDB$는 서로 닮음이다.

$\overline{AD} : \overline{CD} = \overline{CD} : \overline{BD}$

→ $a : x = x : b$ → $x^2 = ab$

∴ $x = \sqrt{ab}$ $(x > 0)$ ■

이 그림은 [왜냐하면]에서도 본 것처럼, 닮음 삼각형을 잘 찾아내어 선분의 대응관계를 파악하는 지를 확인할 때에나, 산술평균 $\frac{a+b}{2}$와 기하평균 $\sqrt{ab}$를 비교하는 경우에 사용하는 그림이죠. 이 도형의 원리를 이용하면 $\sqrt{n}$를 쉽게 접을 수 있습니다.

가. 기하평균으로 $\sqrt{n}$을 접는 법 (1)

$\sqrt{n}$을 접는 법을 설명합니다. 편의상 $n=3$으로 놓고 시작하겠습니다.

<접는 법>

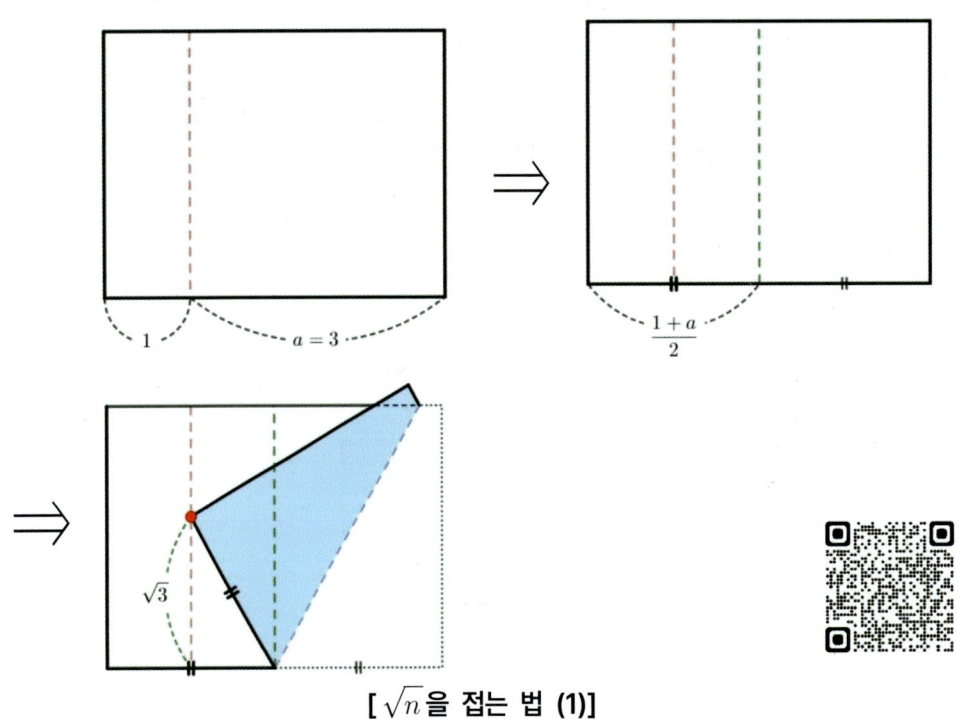

[$\sqrt{n}$을 접는 법 (1)]
(https://www.geogebra.org/m/ehcfxufa#material/ndyrxzcr)

위의 반원이 어디에 숨어있는지 보이시나요? 원의 중심이 어디인지 찾아내셨어요? 네, 위 그림에 반원을 그리면 다음처럼 나타납니다. 그래서 표시한 길이가 $\sqrt{n}$이 됩니다.

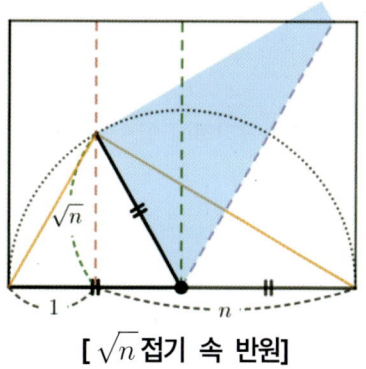

[$\sqrt{n}$ 접기 속 반원]

조금 다르게도 접어낼 수 있습니다. 이번엔 살짝 달라진 방법을 볼까요?

나. 기하평균으로 $\sqrt{n}$ 을 접는 법 (2) : $2\sqrt{n}$ 접기

이번엔 $2\sqrt{n}$ 을 접는 법을 설명합니다. 편의상 $n=5$ 로 놓고 시작하겠습니다.

<접는 법>

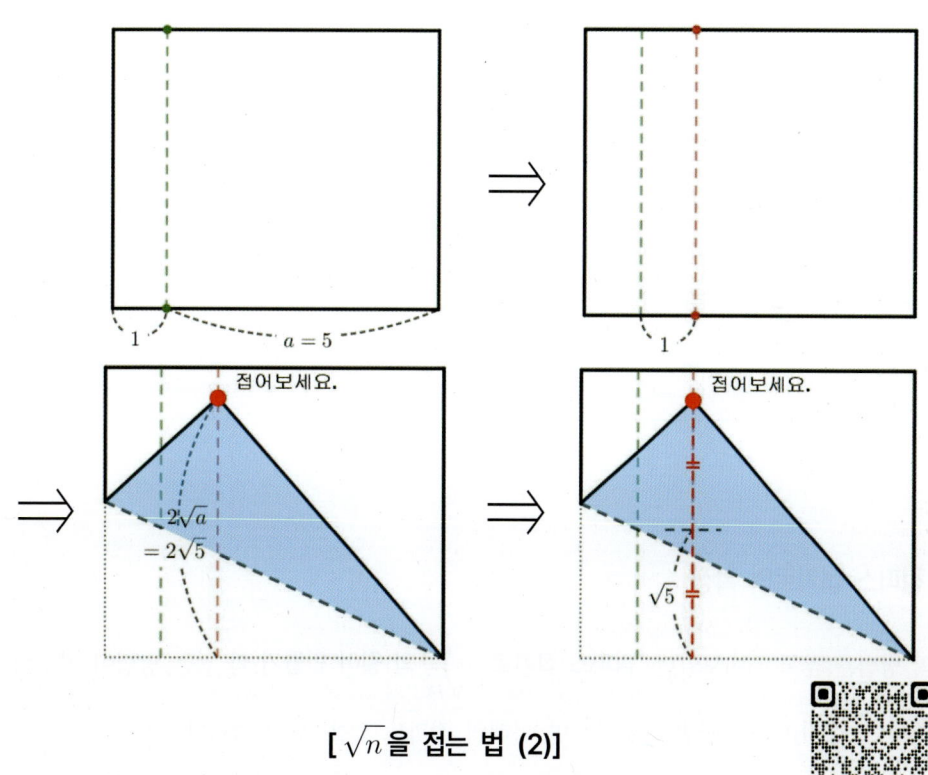

[$\sqrt{n}$ 을 접는 법 (2)]
(https://www.geogebra.org/m/ehcfxufa#material/jvphnaaq)

이번 접기에서는 반원이 어디에 숨어있는지 보이시나요? 원의 중심이 어디인지 찾아내셨어요? 이번의 접기 방법에서는 아까보다 반원의 모습 찾기가 직관적이지 않습니다. 그래도 금세 찾으실 겁니다. 이것 또한 컴퍼스 접기니까요.

컴퍼스 접기의 고정점이 오른쪽 하단의 꼭짓점에 있으니, 그곳에 원의 중심을 잡고 밑변을 반지름으로 하는 반원을 그리면 다음처럼 그려집니다.

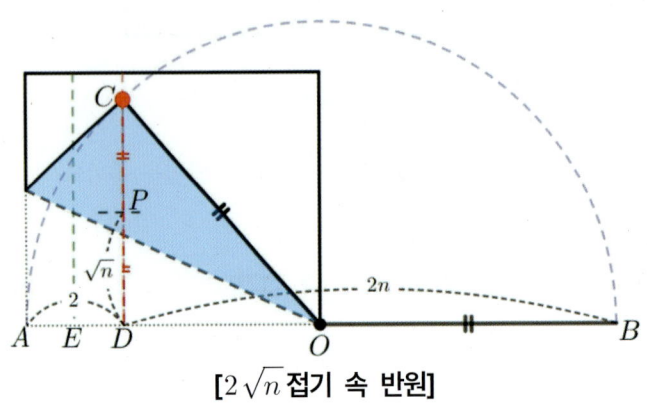

[$2\sqrt{n}$ 접기 속 반원]

[왜냐하면]

$\overline{AE}=1$, $\overline{EO}=n$로 두고 시작한다. 직사각형 밑변의 길이 $\overline{AO}=n+1$이 된다.

밑변 $\overline{AO}$가 반지름이고 중심이 O인 반원을 그려, $\overline{AO}$를 연장해서 그린 지름의 끝점을 B라 하자. 이 때, 지름의 길이가 $\overline{AB}=2\overline{AO}=2(n+1)$이 된다.

따라서 $\overline{BD}=\overline{AB}-\overline{AD}=2(n+1)-2=2n$

$\overline{AD}=2$, $\overline{BD}=2n$이므로 $\overline{CD}=2\sqrt{n}$

$\therefore \overline{PD}=\dfrac{1}{2}\overline{CD}=\sqrt{n}$ ■

다. 컴퍼스 접기로의 확장

'나'의 방법은 앞서 접어보았던 「컴퍼스 접기로 $\dfrac{1}{\sqrt{n}}$의 길이 만들기」와 접는 방법이 비슷해 보입니다. 「컴퍼스 접기」에 이 방법을 응용하면 아래의 결과도 얻을 수 있습니다.

컴퍼스 접기 속 무리수 길이 (2)

◎ $A \to \overline{DE}$를 하였을 때, $\overline{AD} = \dfrac{k}{n}$이면 $\overline{CD} = \dfrac{\sqrt{k(2n-k)}}{n}$가 된다.

특히, $\overline{AD} = \dfrac{1}{n}$이면 $\overline{CD} = \dfrac{\sqrt{2n-1}}{n}$가 된다. (단, n, k는 $k \leq n$인 자연수)

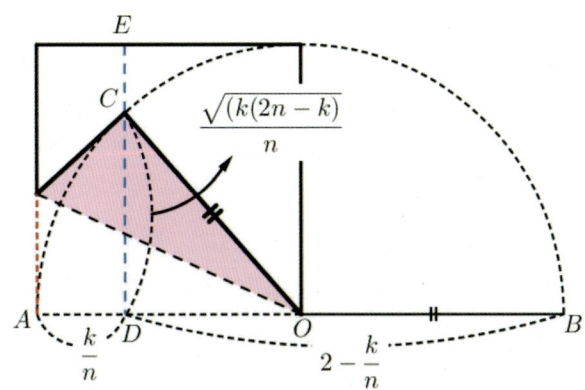

[컴퍼스 접기 속 숨어있는 무리수 길이]

[왜냐하면]

$\overline{AD} = \dfrac{k}{n}$라 하고, 밑변 $\overline{AO}$가 반지름이고 중심이 O인 반원을 그려, $\overline{AO}$를 연장해서 그린 지름의 끝점을 B라 하자. 이때, 지름의 길이 $\overline{AB} = 2\overline{AO} = 2$가 된다.

따라서 $\overline{BD} = \overline{AB} - \overline{AD} = 2 - \dfrac{k}{n}$

$\overline{AD} = \dfrac{k}{n}$, $\overline{BD} = 2 - \dfrac{k}{n}$이므로

$\therefore \overline{CD} = \sqrt{\dfrac{k}{n} \times \left(2 - \dfrac{k}{n}\right)} = \dfrac{\sqrt{k(2n-k)}}{n}$ ■

$k=1$로 고정하면 $\overline{CD} = \dfrac{\sqrt{2n-1}}{n}$이 된다. 따라서 아래 표와 같이 $\sqrt{}$ 안의 숫자가 홀수로 나타나는 무리수 길이를 쉽게 만들 수도 있다.

$\overline{AD}$	$\dfrac{1}{2}$	$\dfrac{1}{3}$	$\dfrac{1}{4}$	$\dfrac{1}{5}$	$\dfrac{1}{6}$	$\dfrac{1}{7}$	...
$\overline{CD}$	$\dfrac{\sqrt{3}}{2}$	$\dfrac{\sqrt{5}}{3}$	$\dfrac{\sqrt{7}}{4}$	$\dfrac{\sqrt{9}}{5} = \dfrac{3}{5}$	$\dfrac{\sqrt{11}}{6}$	$\dfrac{\sqrt{13}}{7}$	...

2. 황금비가 있는 길이를 접는 방법

이번엔 조금 더 복잡한 무리수인 황금비율를 접어보겠습니다. 이 책의 독자들은 황금비율에 대해 잘 알고 계시겠지만, 이 장의 황금비율 접기에서도 이용할 것이기에 황금비에 대해 간단히 살펴보고 시작하고자 합니다.

가. 황금비

길이가 a인 선분과 길이가 b $(a>b>0)$인 선분이 있을 때, $a:b=a+b:a$가 성립할 때, 두 변의 길이의 비율 $\phi = \dfrac{a}{b} = \dfrac{a+b}{a}$ 을 황금비율이라고 부릅니다.

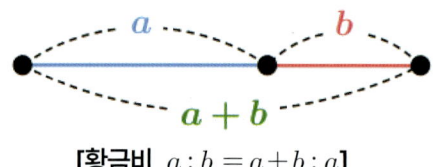

[황금비 $a:b=a+b:a$]

비례식 $a:b=a+b:a$에서 양변을 b로 나누면 비례식은 $\dfrac{a}{b}:1 = \dfrac{a}{b}+1 : \dfrac{a}{b}$가 됩니다. $\dfrac{a}{b}=\phi$ 이므로 ϕ를 대입하여 비례식을 정리하면

$$\phi : 1 = \phi + 1 : \phi \quad \rightarrow \quad \phi + 1 = \phi^2 \quad \rightarrow$$
$$\therefore \phi = \dfrac{1+\sqrt{5}}{2} \ (\phi > 0)$$

가 됩니다. 따라서 황금비율 ϕ는 대략 $\phi = 1.618\cdots$ 정도의 무리수임을 알 수 있습니다.

황금비에는 재미있는 성질이 있습니다. 그중 하나를 소개해보죠.

> **황금비의 성질**
>
> 실수 a, b (단, $a>b>0$)에 대해 $a:b$이 황금비이면 $b:a-b$도 황금비이다.

[왜냐하면]

$\dfrac{a}{b} = \phi$로 두고 황금비 $a:b = a+b:a$를 정리하면

$\phi^2 - \phi - 1 = 0$ → $\phi^2 - \phi = 1$ → $\phi(\phi - 1) = 1$

→ $\phi : 1 = 1 : \phi - 1$ → $\dfrac{a}{b} : 1 = 1 : \dfrac{a}{b} - 1$

∴ $a : b = b : a - b$ ∎

황금비를 작도로도 구해봅시다. 황금비를 작도로 구하는 대표적인 방법은 2가지가 있습니다. 직각삼각형을 이용하는 방법과 작도로 $\dfrac{1}{2}$과 $\dfrac{\sqrt{5}}{2}$를 각각 구해서 더하는 방법입니다.

◆작도법 (1) : 직각삼각형을 이용하는 방법◆

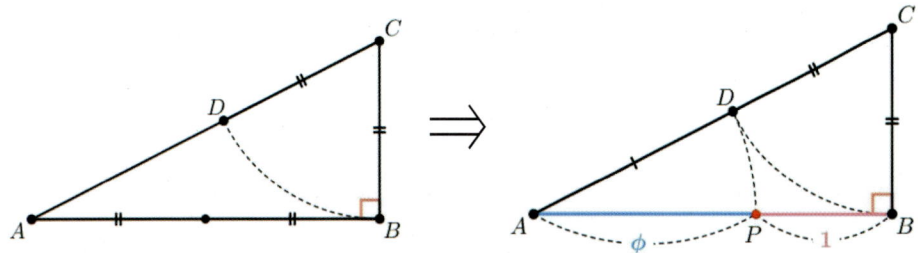

[$1 : 2 : \sqrt{5}$의 길이의 비인 직각삼각형을 이용하자.]
(https://www.geogebra.org/m/ehcfxufa#material/rcckfheg)

① 선분 $\overline{AB}$를 그린 뒤, 점 B를 지나고 $\overline{BC} = \dfrac{1}{2}\overline{AB}$가 되는 수선 $\overline{BC}$를 그려서 직각삼각형 $\triangle ABC$를 작도한다.
② 컴퍼스로 점 C가 중심이고 반지름이 $\overline{BC}$인 호를 그려 $\overline{AC}$와의 교점 D를 찾는다.
③ 컴퍼스로 점 A가 중심이고 반지름이 $\overline{AD}$인 호를 그려 $\overline{AB}$와의 교점 P를 찾는다.

그러면 점 B는 선분 $\overline{AD}$를 $\phi : 1$로 내분한다. ($\overline{AB} : \overline{BD} = \phi : 1$이다.)

[왜냐하면]

$\overline{AB}=2$, $\overline{BC}=1$이라 하자. 그러면 피타고라스 정리에 따라 $\overline{AC}=\sqrt{5}$가 된다.
$\overline{CD}=\overline{BC}=1$이므로 $\overline{AD}=\sqrt{5}-1$이 된다.
따라서 $\overline{AP}=\overline{AD}=\sqrt{5}-1$, $\overline{BP}=\overline{AB}-\overline{AP}=2-(\sqrt{5}-1)=3-\sqrt{5}$
이때, $\dfrac{\overline{AP}}{\overline{BP}}=\dfrac{\sqrt{5}-1}{3-\sqrt{5}}=\dfrac{(\sqrt{5}-1)(3+\sqrt{5})}{(3-\sqrt{5})(3+\sqrt{5})}=\dfrac{2+2\sqrt{5}}{4}=\dfrac{1+\sqrt{5}}{2}$
∴ $\overline{AP}:\overline{BP}=\phi:1$이다. ∎

◆작도법 (2) : 무리수 길이를 하나씩 작도하는 방법◆

① 선분 $\overline{AB}$를 그린 뒤, $\overline{AB}=\overline{BC}$인 점 B를 지나는 수선 $\overline{BC}$를 그린다.
② $\overline{AB}$의 중점 M을 찾아 선분 $\overline{CM}$을 그린다.
③ 컴퍼스로 점 M이 중심이고 반지름이 $\overline{CM}$인 호를 그려 반직선 $\overrightarrow{AB}$와의 교점 D를 찾는다.

그러면 점 B는 선분 $\overline{AD}$를 $\phi:1$로 내분한다. ($\overline{AB}:\overline{BD}=\phi:1$이다.)

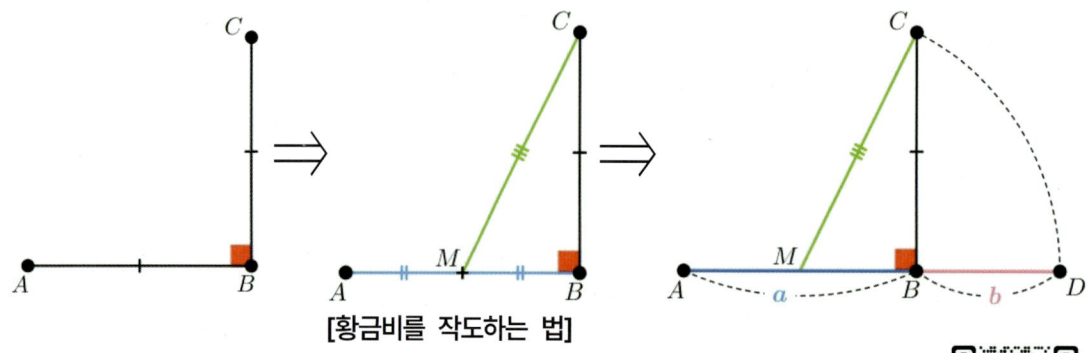

[황금비를 작도하는 법]

(https://www.geogebra.org/m/ehcfxufa#material/rcckfheg)

[왜냐하면]

$\overline{AB} = \overline{BC} = 1$이라 하자. 그러면 $\overline{BM} = \dfrac{1}{2}$이다.

$\triangle MBC$가 직각삼각형이므로 피타고라스 정리를 이용하면

$\overline{MC} = \overline{MD} = \dfrac{\sqrt{5}}{2}$

$\overline{AD} = \overline{AM} + \overline{MD} = \dfrac{1}{2} + \dfrac{\sqrt{5}}{2} = \dfrac{1+\sqrt{5}}{2} = \phi$

$\therefore \overline{AB} = 1,\ \overline{BD} = \overline{AD} - \overline{AB} = \phi - 1$

$\therefore \overline{AB} : \overline{BD} = 1 : \phi - 1 = \phi : 1$이다. ∎

황금 직사각형

황금비를 이루는 두 개의 길이로 만든 직사각형을 황금 직사각형이라고 합니다. 앞서 살펴본 것처럼, 긴 변을 황금비로 분할한 뒤 만들어지는 작은 직사각형도 그 변의 길이의 비가 $a:b$ 이므로 황금비를 이룹니다. 그러면 거꾸로 이런 생각도 가능합니다.

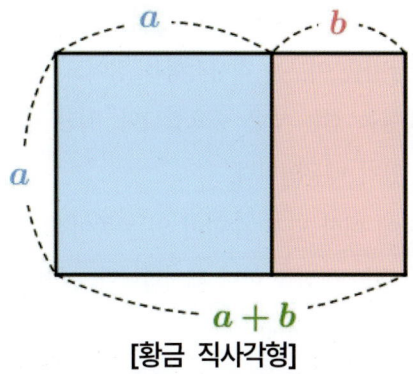

[황금 직사각형]

> 황금 직사각형을 만든 뒤 짧은 변과 길이가 같고 긴 변과 끝점을 공유하는 새로운 선분을 긴 변에 위에 작도하면, 이 새로운 선분은 긴 변을 황금비로 분할한다.

Ⅴ. 내가 원하는 길이 접기

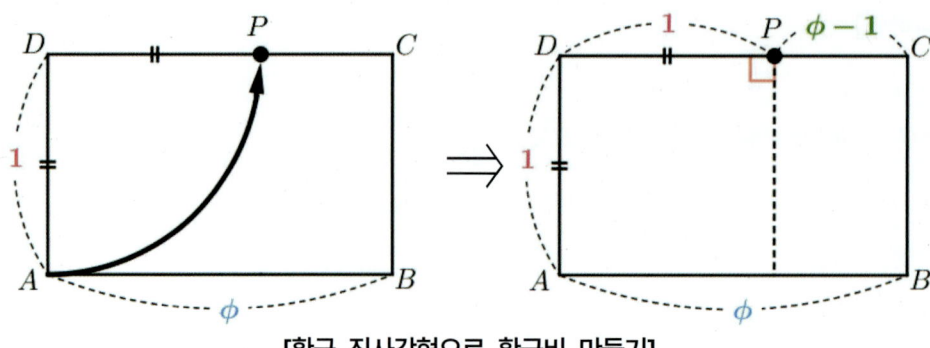

[황금 직사각형으로 황금비 만들기]

[왜냐하면]

$\overline{AB} = \phi$, $\overline{AD} = 1$이라 하자.
그러면 $\overline{DP} = \overline{AB} = 1$, $\overline{CP} = \phi - 1$이 된다.
따라서 $\overline{DP} : \overline{CD} = 1 : \phi - 1 = \phi : 1$ 이다. ∎

황금비율 $\phi = \dfrac{1+\sqrt{5}}{2} = 1.618\cdots$는 종이를 벗어나는 길이입니다. 길이가 1인 정사각형 안에 만들 수 있는 가장 큰 수는 $\sqrt{2} = 1.414\cdots$이기 때문에, 황금비율은 나타날 수 없죠. 그래서 다른 것을 해보죠. 두 변의 길이의 비가 황금비를 이루는 직사각형을 접어도 보고, 변을 황금비가 되도록 분할도 해보겠습니다. 특히 황금 직사각형을 접는 법은 중요합니다. 일단 황금직사각형을 접고 나면 닮음을 이용해서 $\dfrac{\phi}{2}$도 $\dfrac{1}{\phi}$도 만들 수 있기 때문입니다.

먼저 출간된 종이접기 속 수학에 대한 명저 '수학이 있는 종이접기(김부윤)'에서는 황금 직사각형을 접는 방법을 두 가지와 황금비를 접는 방법을 하나 제시합니다. 어떤 방법들일까요? 하나씩 보면 황금비를 만드는 종이접기의 방법을 탐구해봅시다.

나. 황금비를 접는 두 가지 방법

자, 드디어 황금비를 접어보겠습니다. 앞서 살펴본 황금비의 작도법을 유용하게 사용해보겠습니다.

<접는 법>

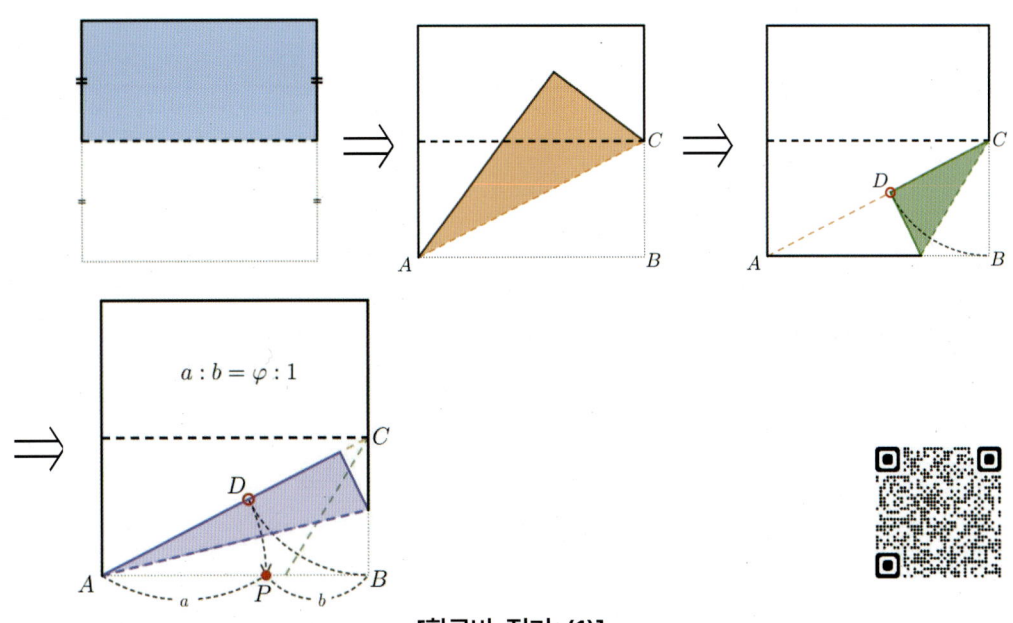

[황금비 접기 (1)]
(https://www.geogebra.org/m/ehcfxufa#material/bbax3jca)

「황금비의 작도법 (1)」과 정확히 같은 방법입니다. 차이라면 컴퍼스 대신 컴퍼스 접기를 사용하는 것뿐이죠. 증명은 간단하게 제시하겠습니다. 앞서 작도법(1)에서 단순히 길이를 절반으로 바꾼 것뿐입니다.

[왜냐하면]

$\overline{AB} = 1$, $\overline{BC} = \dfrac{1}{2}$ 이고 피타고라스 정리에 따라 $\overline{AC} = \dfrac{\sqrt{5}}{2}$

$\overline{CD} = \overline{BC} = \dfrac{1}{2}$ 이므로 $\overline{AD} = \dfrac{\sqrt{5}-1}{2}$ 이 된다.

따라서 $\overline{AP} = \overline{AD} = \dfrac{\sqrt{5}-1}{2}$, $\overline{BP} = \overline{AB} - \overline{AP} = 1 - \left(\dfrac{\sqrt{5}-1}{2}\right) = \dfrac{3-\sqrt{5}}{2}$

이때, $\dfrac{\overline{AP}}{\overline{BP}} = \dfrac{1+\sqrt{5}}{2}$ 이 되어서 $\overline{AP} : \overline{BP} = \phi : 1$ 이다. ∎

「황금비의 작도법 (2)」를 응용할 수도 있습니다. 다만 「황금비의 작도법 (2)」는 그 길이가 1을 벗어나기 때문에 조금 변화를 주겠습니다.

<접는 법>

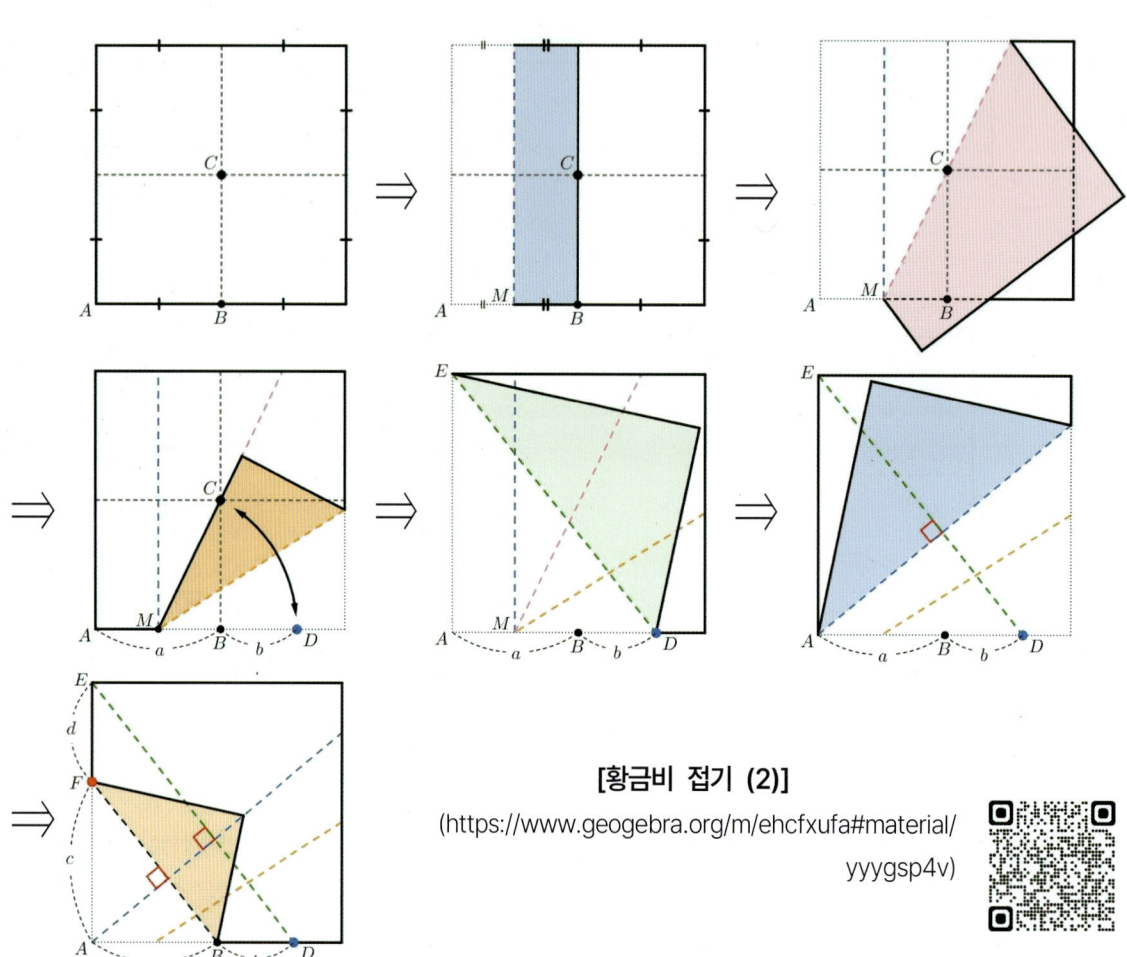

[황금비 접기 (2)]

(https://www.geogebra.org/m/ehcfxufa#material/yyygsp4v)

「황금비의 작도법 (2)」를 최대한 응용하여 접는 것을 볼 수 있습니다. 1단계 ~ 4단계까지가 바로 그 내용이죠. 5단계 ~ 7단계는 4단계에서 만든 황금비로 $\overline{AE}$를 분할하기 위해 닮음 삼각형 $\triangle ADE$와 $\triangle ABF$를 만드는 과정일 뿐입니다.

[왜냐하면]

[1단계]

$\overline{AB} = \overline{BC} = \dfrac{1}{2}$이므로 $\overline{AM} = \overline{BM} = \dfrac{1}{4}$이다.

$\triangle MBC$가 직각삼각형이므로 피타고라스 정리를 이용하면 $\overline{MC} = \overline{MD} = \dfrac{\sqrt{5}}{4}$

$\overline{AD} = \overline{AM} + \overline{MD} = \dfrac{1}{4} + \dfrac{\sqrt{5}}{4} = \dfrac{1+\sqrt{5}}{4} = \dfrac{\phi}{2}$

$\therefore \overline{AB} = \dfrac{1}{2}$, $\overline{BD} = \overline{AD} - \overline{AB} = \dfrac{\phi}{2} - \dfrac{1}{2} = \dfrac{\phi-1}{2}$

$\therefore \overline{AB} : \overline{BD} = \dfrac{1}{2} : \dfrac{\phi-1}{2} = \phi : 1$이다.

[2단계]

$\overline{BF} \parallel \overline{DE}$이므로 $\angle EDA = \angle FBA$, $\angle DEA = \angle BFA$

$\triangle ABF$와 $\triangle ADE$는 서로 닮음인 삼각형이다.

따라서 $\overline{AB} : \overline{BD} = \overline{AF} : \overline{FE}$가 성립한다.

$\overline{AF} : \overline{FE} = \phi : 1$ ■

작도의 방법을 충실하게 따라간 것은 좋은데, 두 번째 방법까지 오니 접는 단계가 조금 길게 변해버렸습니다. **혹시 더 짧게 접는 법은 없을까요?**

다. 황금 직사각형을 접는 방법 (1)

황금비 접기에 대한 고민은 잠시 멈추고 황금 직사각형을 접어보겠습니다. 황금 직사각형 접기는 의외로 간단합니다.

<접는 법>

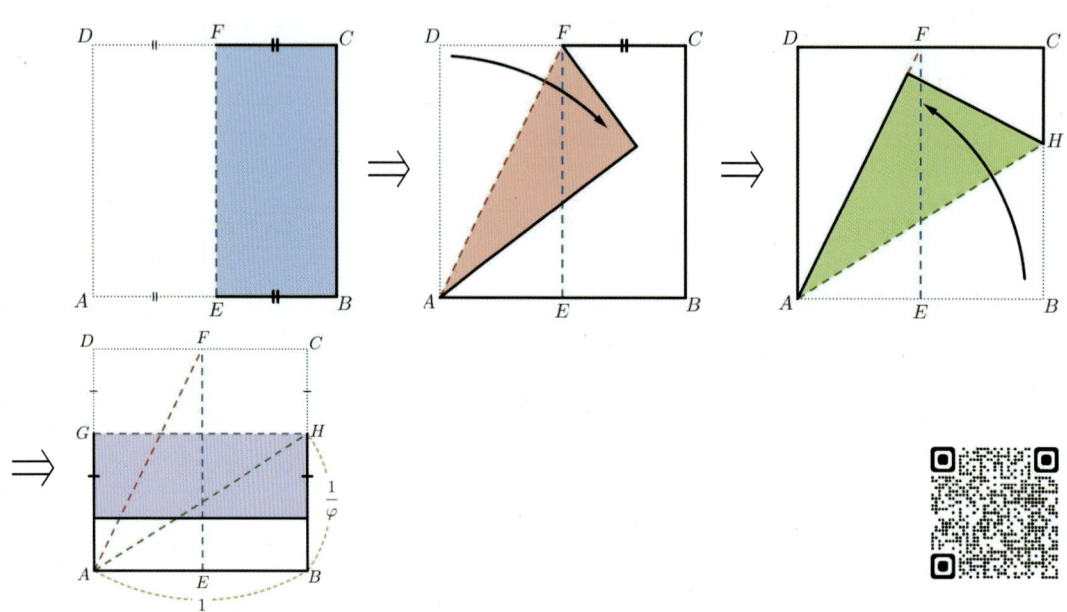

[황금 직사각형 접기 (1)]

(https://www.geogebra.org/m/ehcfxufa#material/kmpmmmee)

황금비가 아니라 황금 직사각형인데 오히려 단계가 줄어버렸습니다. 일단, 왜 황금 직사각형이 되는지 확인부터 해볼까요?

(1) 닮음을 이용하는 방법

[왜냐하면]

$\triangle AEI \backsim \triangle ABH$ 이므로 $\overline{BH} = x$ 이면 $\overline{EI} = \dfrac{x}{2}$ 이다.

$\triangle AEF$ 에서 $\overline{AI}$ 는 $\angle EAF$ 의 각의 이등분선이다.

→ $\overline{AE} : \overline{AF} = \overline{EI} : \overline{FI} = 1 : \sqrt{5}$

더욱이 $\overline{EI} + \overline{FI} = 1$ 이므로

→ $\overline{EI} + \overline{FI} = \overline{EI} + \sqrt{5} \times \overline{EI} = 1$

$$\rightarrow \overline{EI} = \frac{1}{1+\sqrt{5}}$$

따라서 $\overline{EI} = \dfrac{1}{1+\sqrt{5}} = \dfrac{x}{2}$ 이 된다.

$$\therefore x = \frac{2}{1+\sqrt{5}} = \frac{1}{\phi}$$

$$\therefore \overline{AB} : \overline{BH} = 1 : \frac{1}{\phi} = \phi : 1$$

■

(2) 삼각함수의 반각공식을 사용하는 방법

[왜냐하면]

$\angle FAE = \theta$라고 하자. 3단계에서 접은 $\overline{AB} \to \overline{AF}$은 각의 이등분선 접기이므로 $\angle HAB = \dfrac{\theta}{2}$가 된다.

$\triangle AEF$에서 $\overline{AE} : \overline{EF} : \overline{AF} = 1 : 2 : \sqrt{5}$ 이므로 $\cos\theta = \dfrac{1}{\sqrt{5}}$ 이다.

또한 $\triangle ABH$에서 $\tan\dfrac{\theta}{2} = \dfrac{\overline{BH}}{\overline{AB}} = x$ 이다.

삼각함수의 반각 공식에서 $\tan\dfrac{\theta}{2} = \sqrt{\dfrac{1-\cos\theta}{1+\cos\theta}}$ 이므로 $\cos\theta = \dfrac{1}{\sqrt{5}}$ 을 여기에 대입하면

$$x = \tan\frac{\theta}{2} = \sqrt{\frac{1-\cos\theta}{1+\cos\theta}} = \sqrt{\frac{1-\frac{1}{\sqrt{5}}}{1+\frac{1}{\sqrt{5}}}} = \sqrt{\frac{\sqrt{5}-1}{\sqrt{5}+1}} = \sqrt{\frac{(\sqrt{5}-1)(\sqrt{5}+1)}{(\sqrt{5}+1)^2}}$$

$$= \sqrt{\frac{4}{(\sqrt{5}+1)^2}} = \frac{2}{1+\sqrt{5}} = \frac{1}{\phi}$$

따라서 $\overline{AB} : \overline{BH} = 1 : \dfrac{1}{\phi} = \phi : 1$

■

「황금 직사각형 접기 (1)」은 두 가지를 알려줍니다. 첫 번째는 접기 방법 그대로 언제든 쉽게 황금 직사각형을 접어낼 수 있다는 점입니다. 방금 경험한 그대로이죠. 중요한 것은 두 번째입니다. 「황금 직사각형 접기 (1)」의 접기의 세 번째 단계에서 만든 $\overline{BH} = \dfrac{1}{\phi}$가 됩니다. 역수이긴 하지만 언제든 황금비의 값을 3번 만에 만들 수 있다는 것이죠. 그리고 이것은 단순한 역수가 아닙니다.
$\overline{BH} : \overline{CH}$가 어떤 비율인지 살펴보죠.

$$\overline{BH} : \overline{CH} = \dfrac{1}{\phi} : 1 - \dfrac{1}{\phi} = \dfrac{1}{\phi} : \dfrac{\phi - 1}{\phi} = 1 : \phi - 1$$

그런데 앞서 황금비의 성질을 살펴볼 때, $1 : 1 - \phi = \phi : 1$이 됨을 이미 살펴봤습니다. 따라서 $\overline{BH} : \overline{CH} = 1 : \phi - 1 = \phi : 1$이 됩니다. 즉, 우리는 황금비의 접기를 새롭게 하나 더 찾은 것이 됩니다.

[황금비 접는 법 (3)]

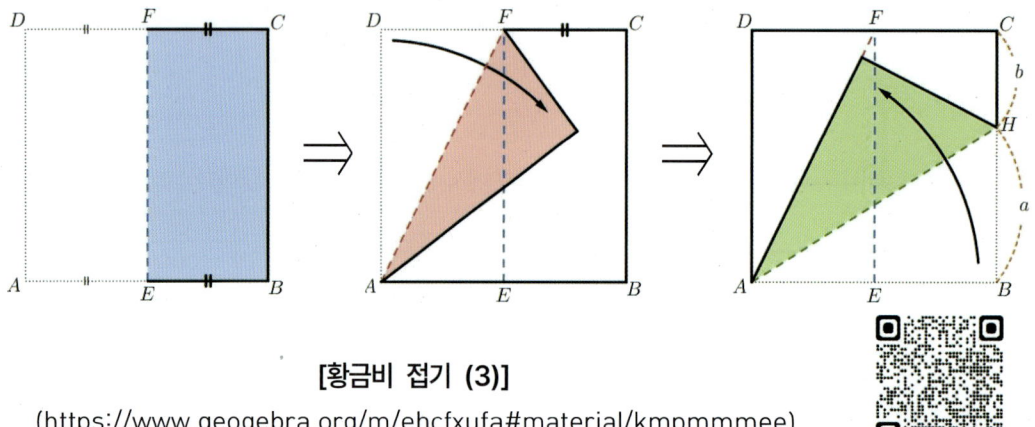

[황금비 접기 (3)]
(https://www.geogebra.org/m/ehcfxufa#material/kmpmmmee)

라. 황금 직사각형을 접는 방법 (2)

이번엔 황금 직사각형의 네 꼭짓점이 정사각형의 네 변 위에 각각 있고, 변은 서로 겹치지 않는 모습으로 접어볼까요? 문자로 설명하려면 긴데, 쉽게 이야기하면 정사각형의 대각선 방향에 놓이도록 접어보고자 합니다. 다음 그림처럼요.

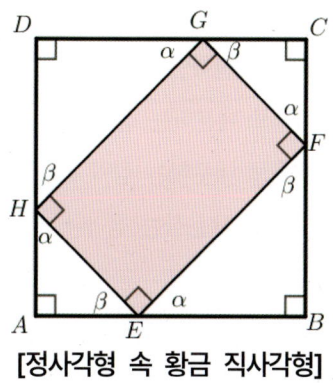

[정사각형 속 황금 직사각형]

그런데 이 그림에서 각 α와 β 값은 각각 얼마이고, 점 E, F, G, H는 어떤 위치에 있는 것일까요? 우선 이 점을 먼저 확인하고 시작하여야 합니다. 그럼 계산 시작해볼까요.

[계산하기]

편의상 $\overline{EH} = \overline{FG} = 1$, $\overline{EF} = \overline{GH} = \phi$라고 놓겠습니다.

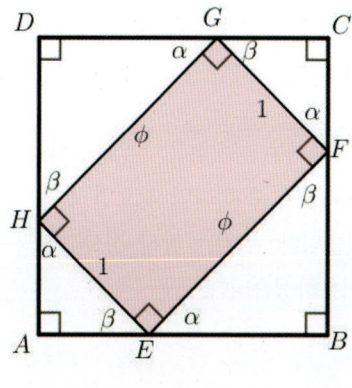

[1단계]

각 α, β의 값 구하기

$\overline{AB} = \overline{AE} + \overline{EB} = \cos\beta + \phi\cos\alpha$

$\overline{AD} = \overline{AH} + \overline{HD} = \cos\alpha + \phi\cos\beta$

□$ABCD$는 정사각형이므로 $\overline{AB} = \overline{AD}$

$\cos\beta + \phi\cos\alpha = \cos\alpha + \phi\cos\beta$

$\rightarrow \phi(\cos\alpha - \cos\beta) = \cos\alpha - \cos\beta$

$\rightarrow (\phi - 1)(\cos\alpha - \cos\beta) = 0$

$\therefore \cos\alpha = \cos\beta$

$0 < \alpha < 90°$, $0 < \beta < 90°$이므로 $\alpha = \beta$

$\therefore \alpha + \beta = 90°$이므로 $\alpha = \beta = 45°$

[2단계]

점 E, F, G, H의 위치 구하기

$\overline{AE} : \overline{EB} = \cos 45° : \phi \cos 45° = 1 : \phi$

∴ 점 E는 $\overline{AB}$를 $1 : \phi$의 비율로 내분하는 점이다.

같은 방법으로 F, G, H의 위치를 계산하면 아래와 같다.

∴ 점 F는 $\overline{BC}$를 $\phi : 1$의 비율로 내분하는 점이다.

∴ 점 G는 $\overline{CD}$를 $1 : \phi$의 비율로 내분하는 점이다.

∴ 점 H는 $\overline{DA}$를 $\phi : 1$의 비율로 내분하는 점이다. ■

계산해보니 계산 값이 굉장히 좋게 나왔네요. 이 그림을 처음 보았을 때 직관적으로 이 값이 나올 것이라 예상하셨나요?

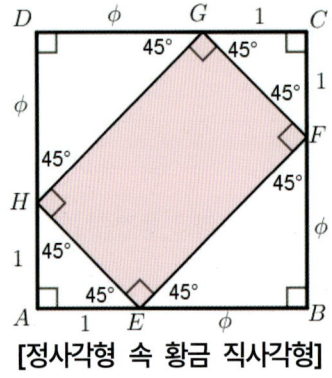

[정사각형 속 황금 직사각형]

만들고자 하는 황금 직사각형은 원래 정사각형과 $45°$로 만나고, 각 꼭짓점은 원래 정사각형을 $\phi : 1$ (또는 $1 : \phi$)로 분할하고 있습니다. 따라서 꼭짓점 E, F, G, H 중 하나만 찾으면 쉽게 접을 수 있겠네요. 이제 지금까지의 계산 결과를 토대로 한번 접어보겠습니다. 우리는 앞서 정사각형의 한 변을 $\phi : 1$의 비율로 접는 법을 찾아 두었으니 그것을 그대로 이용하겠습니다.

<접는 법>

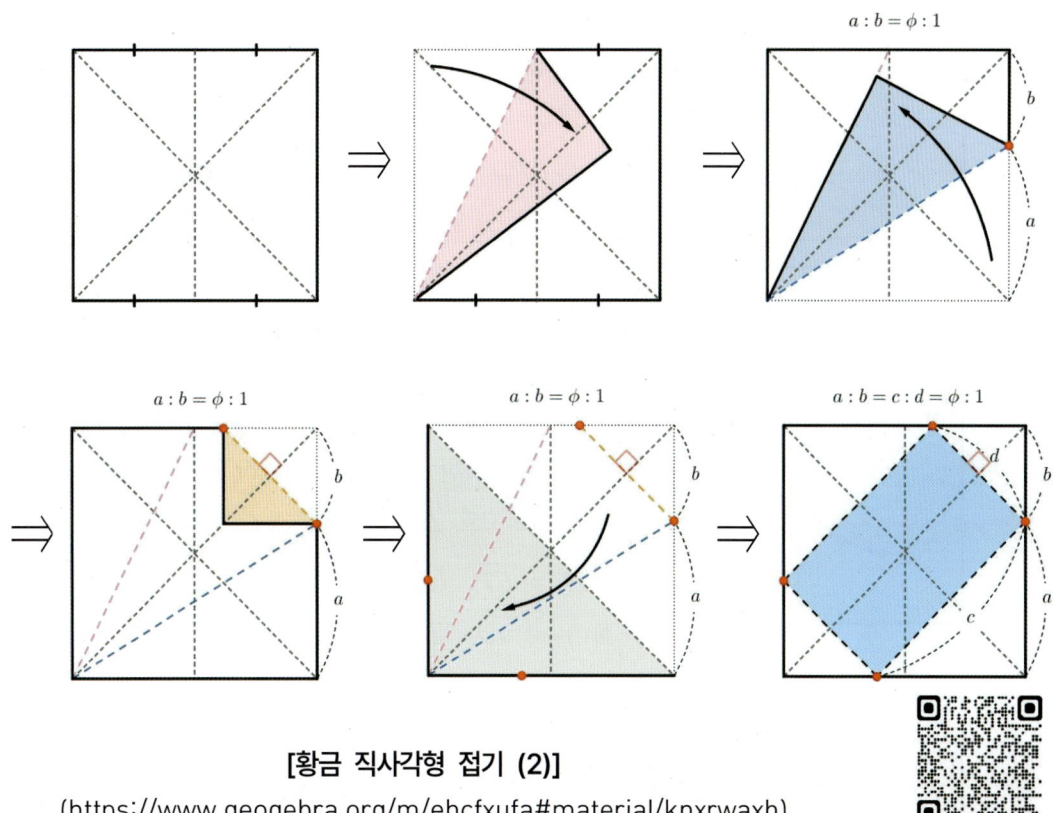

[황금 직사각형 접기 (2)]
(https://www.geogebra.org/m/ehcfxufa#material/knxrwaxh)

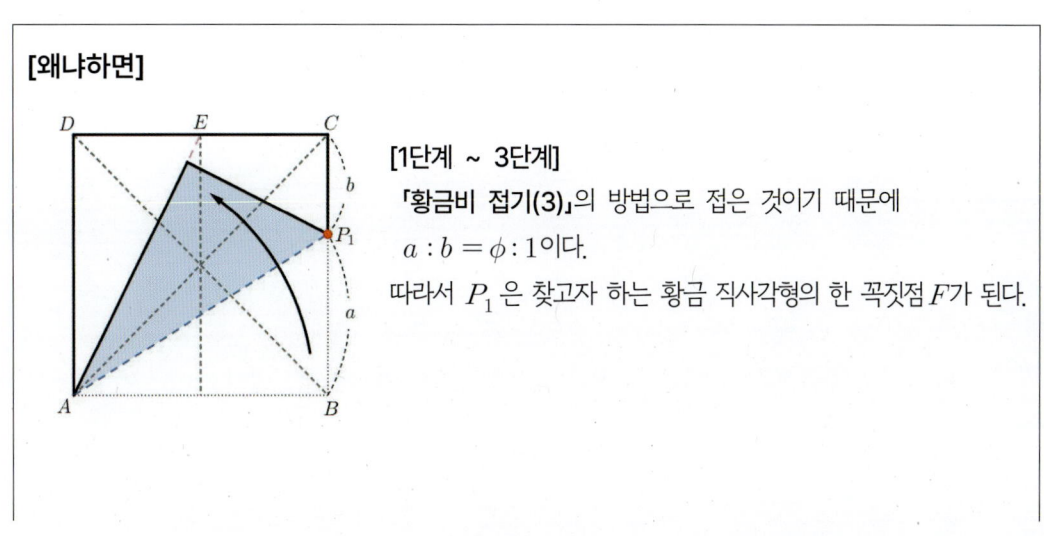

[왜냐하면]

[1단계 ~ 3단계]
「황금비 접기(3)」의 방법으로 접은 것이기 때문에
$a : b = \phi : 1$이다.
따라서 P_1은 찾고자 하는 황금 직사각형의 한 꼭짓점 F가 된다.

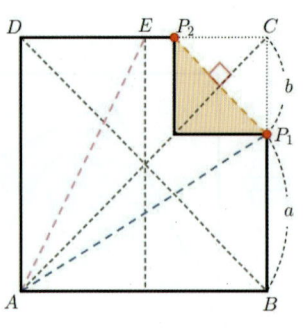

[4단계]

P_1을 지나면서 $\overline{CA}$와 수직으로 접었기 때문에 $\angle CP_1P_2 = \angle CP_2P_1 = 45°$가 된다.

따라서 $\triangle CP_1P_2$는 직각이등변삼각형이 되므로 $\overline{CP_1} = \overline{CP_2}$가 된다. 따라서 P_2는 $\overline{CD}$를 $1:\phi$로 내분하는 점 G가 된다.

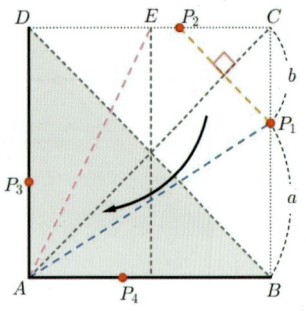

[5단계]

접은 선이 $\overline{BD}$이므로 P_2는 P_3와 선대칭, P_1은 P_4와 선대칭한 점이 된다. 또한 $\triangle AP_3P_4$는 $\triangle CP_2P_1$의 선대칭 도형이 된다. 그러므로 $\triangle AP_3P_4 \equiv \triangle CP_2P_1$이다.

$\therefore \overline{CP_1} = \overline{CP_2} = \overline{AP_3} = \overline{AP_4}$

P_3와 P_4도 각각 $\overline{AD}$와 $\overline{AB}$를 $1:\phi$로 내분하는 점이다.

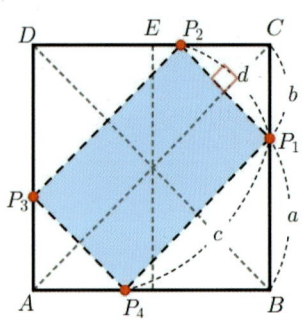

[6단계]

$\overline{P_1P_2} = \overline{P_3P_4} = \sqrt{2}\,\overline{CP_1}$

$\overline{P_1P_4} = \overline{P_2P_3} = \sqrt{2}\,\overline{BP_1}$

그런데 $\overline{BP_1} = \phi \times \overline{CP_1}$이므로

$\overline{P_1P_4} = \overline{P_2P_3} = \phi\sqrt{2}\,\overline{CP_1}$

따라서 $\overline{P_1P_2} : \overline{P_1P_4} = \overline{P_3P_4} : \overline{P_2P_3} = 1 : \phi$

$\therefore \square ABCD$는 황금 직사각형이다. ■

3. 좀 더 복잡하게 표현된 길이를 접는 방법

여기까지 해보시느라 고생하셨습니다. 일단 지금까지 해낸 것을 정리해볼까요?

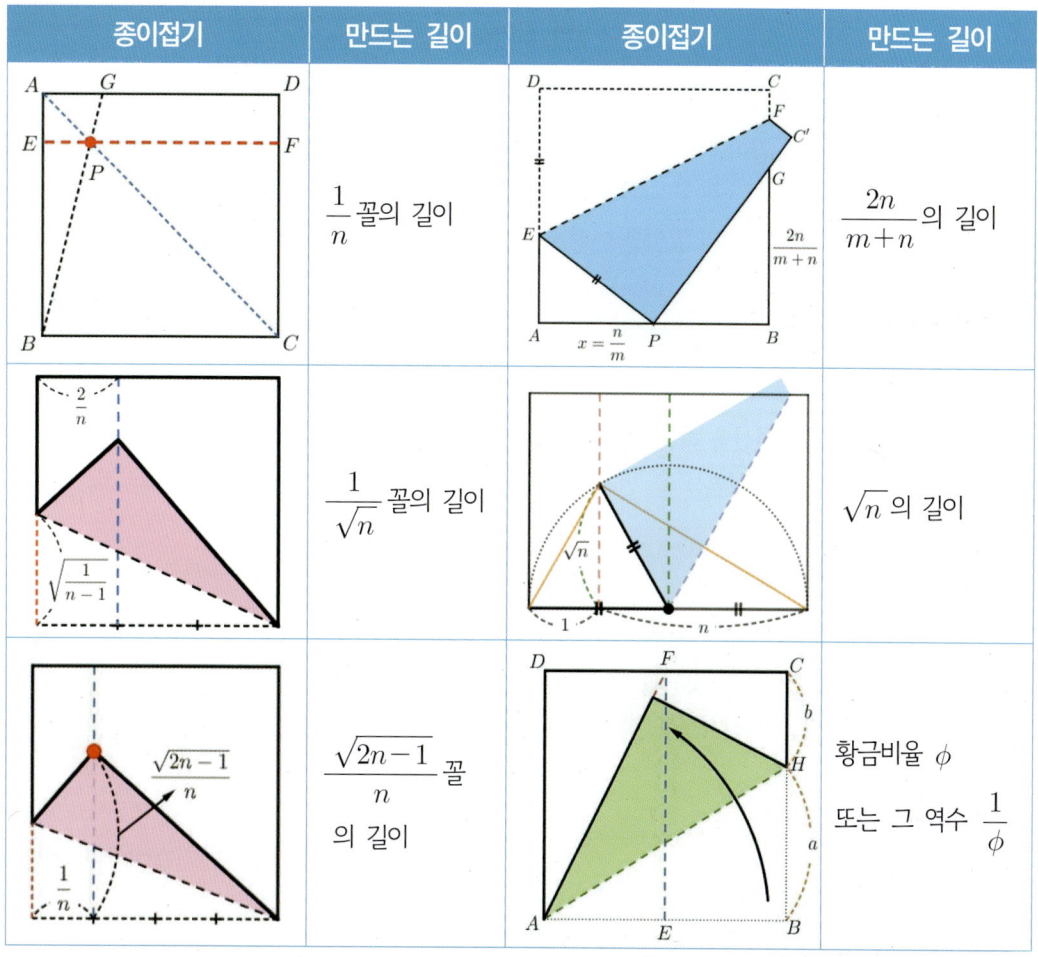

벌써 이렇게나 많은 길이를 접을 수 있게 되었네요! 이제 이것들을 응용해서 복잡한 길이를 접는 법을 궁리해보려고 합니다. 현재 접을 줄 아는 길이는 위에 나타난 길이들 모양뿐이죠. 이것을 이용해서 새로운 숫자를 나타내는 법을 만들어야 합니다. $+$, $-$, $\times$, $\div$와 같은 사칙연산, $\sqrt{a^2+b^2}$과 같은 피타고라스 정리 그리고 도형의 성질에 대해 알려진 여러 정리까지 쓸 수 있는 수단은 사용하여야 하겠네요.

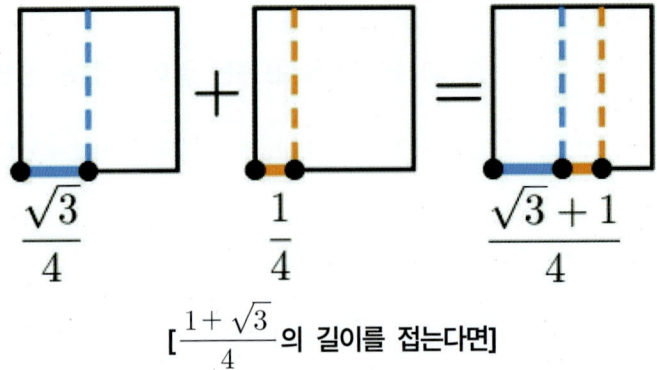

[$\frac{1+\sqrt{3}}{4}$ 의 길이를 접는다면]

예를 들어 $\frac{1+\sqrt{3}}{4}$ 의 길이를 나타내려면, $\frac{1}{4}$ 과 $\frac{\sqrt{3}}{4}$ 의 길이를 각각 접은 뒤 더하면 됩니다. 물론 $\frac{\sqrt{3}}{4}$ 의 길이 바로 옆에 $\frac{1}{4}$ 의 길이를 어떻게 옮겨 놓을 것인가는 생각해볼 부분이긴 합니다. 그래도 바로 옆에 옮기는 법까지 찾아 놓으면 $\frac{1+\sqrt{3}}{4}$ 의 길이는 어렵지 않겠죠?

그래서 **종이접기로 사칙연산을 하는 법**을 한번 탐구하겠습니다. 이를 위해서 종이접기의 롤모델이라 할 수 있는 "작도로 하는 사칙연산"을 먼저 봐야 할 것 같네요.

가. 작도로 하는 사칙연산

작도로 하는 사칙연산은 생각보다 쉽습니다. 주어진 길이를 어떤 곳에든 옮기는 것을 도와주는 컴퍼스는 굉장히 강력한 도구니까요. 덧셈과 뺄셈은 두 선분을 서로 이어 그리거나 겹쳐 그리면 해결이 되고, 곱셈과 나눗셈은 닮음인 삼각형을 잘 그리면 만들 수 있습니다.

1) 덧셈과 뺄셈

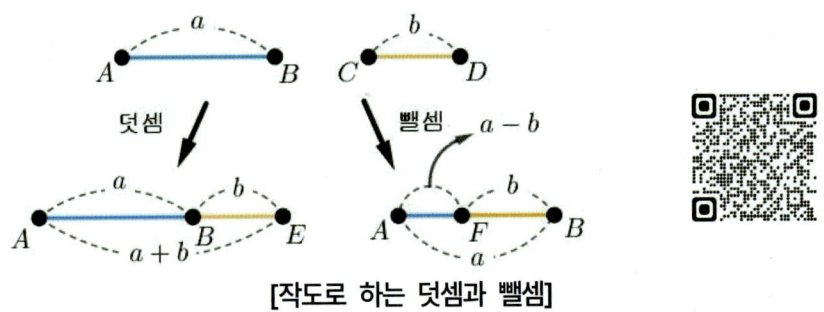

[작도로 하는 덧셈과 뺄셈]

(https://www.geogebra.org/m/ehcfxufa#material/zbhvwwke)

◆ [덧셈] $a+b$와 [뺄셈] $a-b$를 작도하는 법 ◆

① $\overline{AB}$를 연장하여 반직선 $\overrightarrow{AB}$을 긋는다.

② $\overline{CD}$의 길이만큼 컴퍼스를 벌린 뒤, B를 중심으로 반지름이 $\overline{CD}$인 원을 그린다.

③ 반직선 $\overrightarrow{AB}$와 ②에서 그린 원과의 교점 중에서

　③ - 1 : $\overline{AB}$의 외부에 있는 점을 E라 하면 $\overline{AE} = a+b$가 된다.

　③ - 2 : $\overline{AB}$의 내부에 있는 점을 F라 하면 $\overline{AF} = a-b$가 된다.

2) 곱셈과 나눗셈

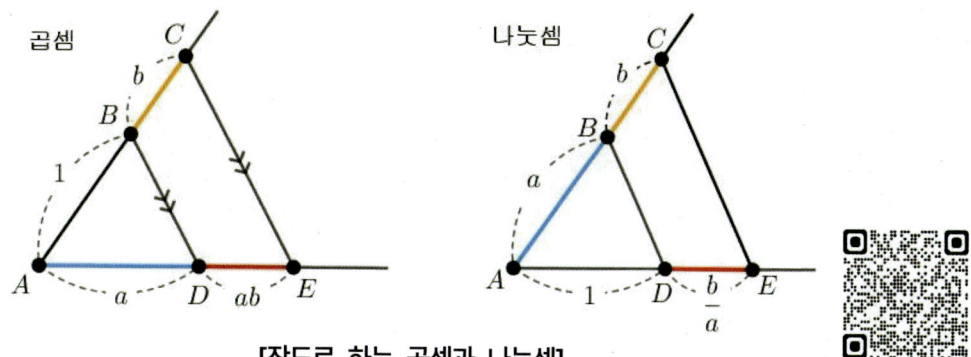

[작도로 하는 곱셈과 나눗셈]
(https://www.geogebra.org/m/ehcfxufa#material/pfbrttp7)

[곱셈] $a \times b$

① 점 A를 시점으로 한 반직선 위에 $\overline{AB} = 1$, $\overline{BC} = b$를 작도하여 표시한다.

② 점 A를 시점으로 하고 $\overrightarrow{AB}$와 다른 반직선을 그린다.

③ 새로 그린 반직선 위에 $\overline{AD} = a$인 점 D를 표시하고, $\overline{BD}$를 그린다.

④ 점 C를 지나고 $\overline{BD}$와 평행한 직선을 그려 $\overrightarrow{AD}$와의 교점을 E라고 한다.

그러면 평행선의 성질에 의해 $\overline{DE} = ab$가 된다.

[나눗셈] $\dfrac{b}{a}$

① 점 A를 시점으로 한 반직선 위에 $\overline{AB} = a$, $\overline{BC} = b$를 작도하여 표시한다.

② 점 A를 시점으로 하고 $\overrightarrow{AB}$와 다른 반직선을 그린다.

③ 새로 그린 반직선 위에 $\overline{AD} = 1$인 점 D를 표시하고, $\overline{BD}$를 그린다.

④ 점 C를 지나고 $\overline{BD}$와 평행한 직선을 그려 $\overrightarrow{AD}$와의 교점을 E라고 한다.

그러면 평행선의 성질에 의해 $\overline{DE} = \dfrac{b}{a}$가 된다.

나. 컴퍼스가 있지만 컴퍼스가 없다.

종이접기도 작도와 많이 닮은 활동인 것을 이미 「종이접기의 공리」부터 시작해서 지금까지 여러 종이접기 수학의 주제들을 해결해오면서 확인했습니다. 종이접기로 하는 사칙연산은 방금 살펴본 작도의 사칙연산을 그대로 사용하면 만들 수 있습니다. 하지만 막상 작도의 방법을 종이접기에 바로 적용하려고 하는 순간 유클리드 작도법과 종이접기가 가진 기초적인 부분에서의 차이 때문에 멈춰버리게 됩니다.

Q. 유클리드의 작도법과 종이접기의 작도법은 무엇이 다르길래 바로 적용이 어렵죠?

분명히 지금까지는 종이접기로도 실컷 잘 해왔는데….

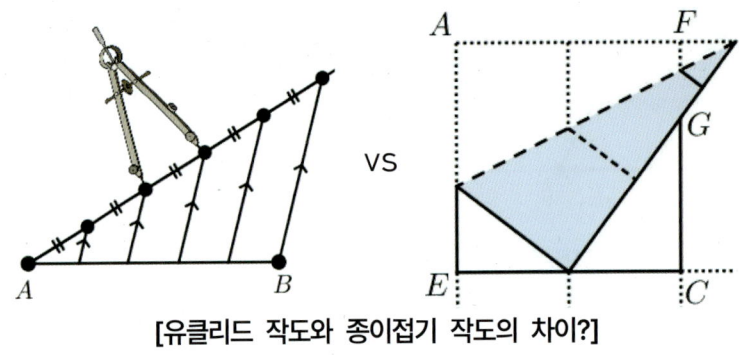

[유클리드 작도와 종이접기 작도의 차이?]

A. 네, 맞습니다. 종이접기에는 「컴퍼스」가 없습니다.

에! 분명히 우리 앞서 「II. 종이접기 속 학교수학」의 장을 공부할 때, 종이접기에도 컴퍼스와 같은 「컴퍼스 접기」가 있는 것을 확인했는데요. 앞으로 돌아가서 자세히 살펴보면, "「컴퍼스 접기」가 있어 우리는 불연속적인 원호를 언제든 만들 수 있다."라고 결론을 내린 것을 볼 수 있습니다.

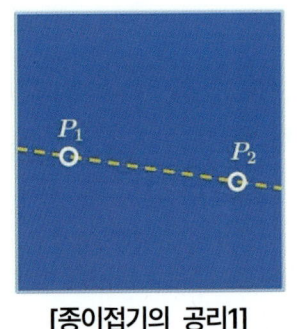

[종이접기의 공리1]

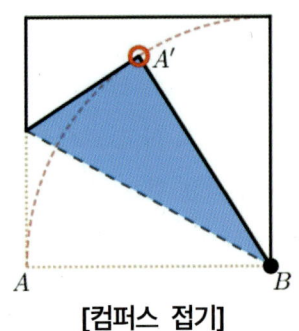

[컴퍼스 접기]

종이접기는 분명 「종이접기의 공리 1」처럼 항상 두 점을 지나는 임의의 직선을 접을 수 있고, 「컴퍼스 접기」처럼 원한다면 원을 불연속적이지만 그릴 수 있습니다. 이는 유클리드의 작도법에서 각각 **눈금 없는 직선 자와 컴퍼스**가 가지는 역할입니다.

하지만 유클리드의 작도법에서 컴퍼스가 하는 역할을 하나 더 있습니다.

"임의의 선분과 동일한 길이를 가진 선분을 옮겨 그릴 수 있다."

반면 종이접기에서는 '한번' 접는 것으로는 컴퍼스처럼 어디로든 자유롭게 옮기는 것이 불가능합니다. 예를 들어 다음 그림에 있는 빨간 선분을 한번 접어서 □$ABCD$ 내부의 다른 위치로 옮겨봅시다. 접은 선에 따라 그 옮겨진 위치는 다양하게 나타나겠지만, $\overline{AB}$ 위로 옮기는 경우는 단 한 가지뿐입니다. 바로 ∠BAC의 이등분선을 접을 경우죠. 그리고 이때 나타나는 위치는 그림과 같이 $\overline{AB}$의 연장선 위이지만 □$ABCD$을 벗어나 버리고 맙니다.

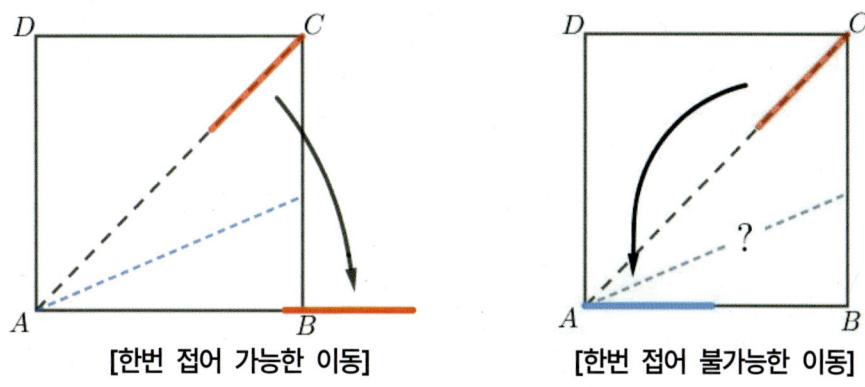

[한번 접어 가능한 이동]　　　[한번 접어 불가능한 이동]

그래서 만약 빨간 선분을 $\overline{AB}$ 위 임의의 위치, 예를 들어서 점 A에서 시작하는 위치에 옮기는 것은 할 수 없습니다. 아니 그럼 불가능한 것일까요?

아니요. 방금 이야기한 것은 '한번' 접어 이동하는 것이 불가능하다는 것뿐입니다. 두 번 이상을 접으면 이를 가능하도록 할 수 있습니다.

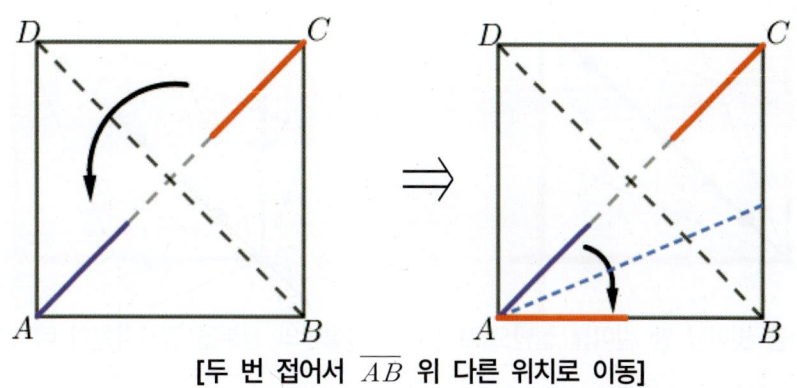

[두 번 접어서 $\overline{AB}$ 위 다른 위치로 이동]

방금 접는 방법에 힌트가 있습니다. 이렇게 두 번 이상을 접는다면 이제 원하는 위치로 옮기는 것이 가능합니다.

다. 종이접기로 하는 덧셈과 뺄셈

우선 하나 정해두고 시작하겠습니다. 편의상 모든 사칙연산에 사용하는 길이 a, b는 모두 정사각형의 네 변 중 같은 변 위에 있는 것으로 가정하겠습니다. 우선 지오지브라를 이용해 확인해보면 정사각형 내부의 길이가 1 이하의 선분은 보통 정사각형의 네 변 중 어딘가 한 변 위로 옮기는 것이 가능합니다.

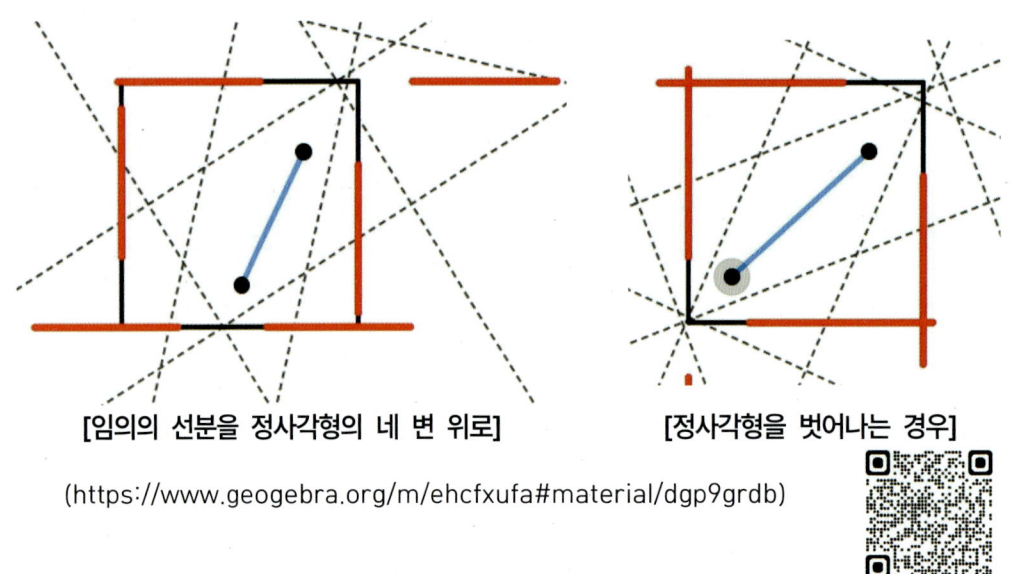

[임의의 선분을 정사각형의 네 변 위로]　　[정사각형을 벗어나는 경우]

(https://www.geogebra.org/m/ehcfxufa#material/dgp9grdb)

물론 길이가 길거나 위치에 따라서는 안 되는 경우도 존재합니다. 그런데 그 경우조차 길이가 길어서 벗어나는 것뿐입니다. 그런 경우라면 길이를 우선 줄이고 옮긴 뒤 다시 길이를 늘이는 방식으로 해결하면 됩니다.

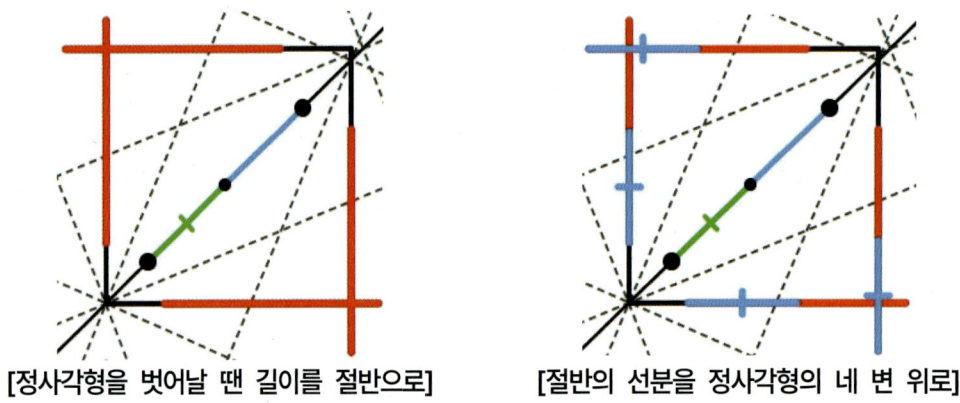

[정사각형을 벗어날 땐 길이를 절반으로]　　[절반의 선분을 정사각형의 네 변 위로]

따라서 우리는 앞서 말한 것처럼 길이가 각각 a, b인 선분이 한 변 위에 있음을 가정하고 시작하겠습니다. 그럼 시작합니다.

1) 종이접기의 뺄셈

작도에서는 덧셈과 뺄셈이 방향만 서로 반대인 절차였기에 그 난이도를 비교하면 둘은 동등했지만, 종이접기에서는 뺄셈이 월등히 쉽습니다. 아래와 같이 접는 종이접기의 뺄셈이 훨씬 직관적입니다.

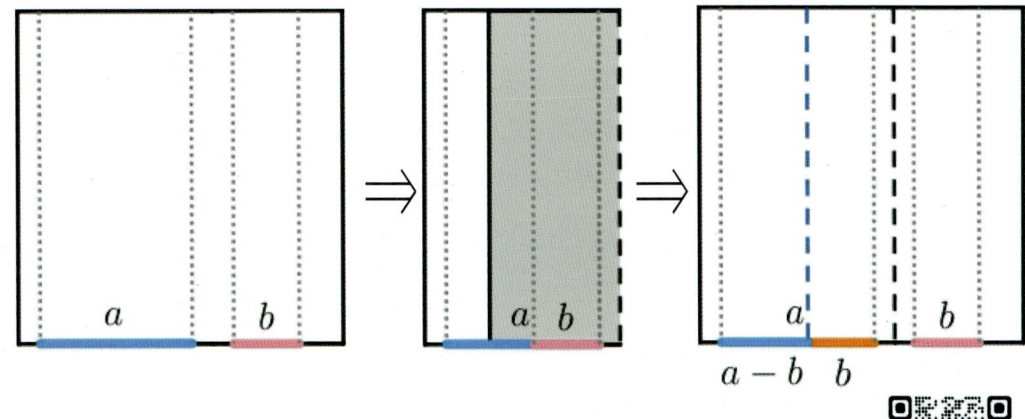

[종이접기의 사칙연산 : 뺄셈 $a-b$]
(https://www.geogebra.org/m/ehcfxufa#material/bzmtnxng)

작도의 방법을 그대로 사용하여 두 선분을 겹치게 접는 것을 볼 수 있습니다. 둘을 겹치게 접어야 하니, 둘 사이의 중선을 잡아 접을 수밖에 없게 됩니다.

2) 종이접기의 덧셈

종이접기의 덧셈에선 앞서 제기한 컴퍼스를 이용한 자유로운 선분의 이동이 문제가 됩니다. 일단, 앞서 살펴본 것처럼 가능은 할 것이라 예상되죠? 그럼 어떤 원리로 옮길 수 있는지 알아보겠습니다.

지금 종이접기로 선분을 옮기는 것은 접은 선에 의한 선대칭입니다. 아래 그림과 같이 한 직선 위의 선분 $\overline{AB} = a$, $\overline{CD} = b$인 선분이 서로 떨어져 있을 때, 선대칭을 이용해 $\overline{AB}$와 $\overline{CD}$를 점 B에서 연결되도록 만들어 봅시다.

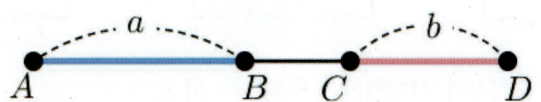

[선대칭으로 선분을 $a+b$를 만들려면?]

편의를 위해서 $\overline{BC}=c$로 두겠습니다. 그러면 다음 그림처럼 되죠. 우리는 길이로 선분을 나타내봅시다. 현재 a, c, b라는 선분이 있습니다. 생각을 전환해볼까요? a, c, b,의 순서로 나타나 있는 선분을 선대칭해서 a, b, c로 바꾸고자 합니다. 즉, b, c의 순서를 바꾸고 싶습니다.

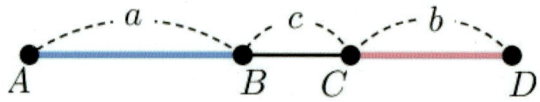

[생각의 전환 : b, c의 순서를 바꾸려면?]

여기서 중요한 것은 점 C를 선대칭 시킬 점 C'의 위치죠. 점 C'이 만약 딱 좋게 D에 가깝게 위치한다면 $\overline{C'D}=c$가 될 수 있습니다. 따라서 접은 선은 다음 위치가 되어야 합니다.

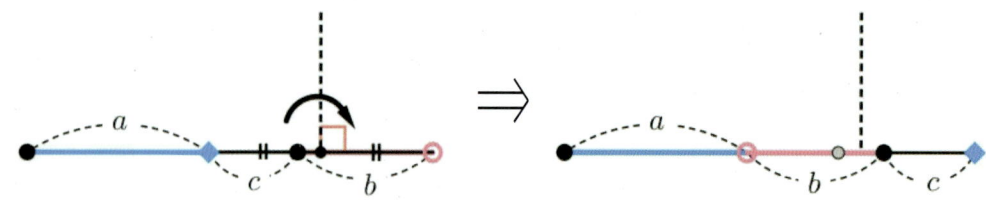

[두 번 접어서 $\overline{AB}$ 위 다른 위치로 이동]

점 B와 D의 중점을 접으면 점 B의 대칭점이 D가 됩니다. 따라서 점 C의 대칭점 C'와 점 D 사이의 거리 $\overline{C'D}=c$가 되어야 하죠. 그러면 $\overline{BC'}=\overline{BD}-\overline{C'D}=(b+c)-c=b$가 되어야 합니다. 즉, 우리는 b, c의 위치를 서로 선대칭을 이용해서 바꾸는 데 성공한 것입니다!

이 원리를 이용해서 종이를 접으면 아래와 같이 $a+b$를 종이접기로 표현할 수 있습니다.

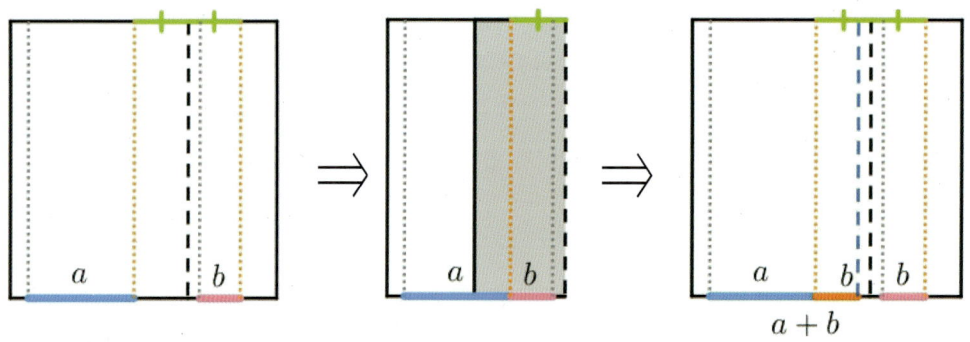

[종이접기의 사칙연산 : 덧셈 $a+b$]

(https://www.geogebra.org/m/ehcfxufa#material/pdbjk3cb)

다. 종이접기의 곱셈과 나눗셈

1) 종이접기의 곱셈과 나눗셈은 불편해

종이접기의 곱셈과 나눗셈은 작도의 방법을 이용하면 만들 수 있지만, 주의할 점이 두 가지 있습니다.

[주의할 점]

① 단위 길이 1 대신 $\frac{1}{2}$(또는 $\frac{1}{4}$)을 사용한다.

- ▶ 단위 길이 1은 정사각형의 한 변의 길이이므로 작도처럼 종이를 접으면 종이를 벗어난다.
- ▶ 단위 길이 1 대신 $\frac{1}{2}$을 단위 길이의 자리에 놓고, 작도처럼 길이를 만든 뒤 다시 2배 혹은 4를 하여야 합니다.

② 만약 $\frac{1}{2}$을 단위 길이 1대신 사용할 때, 곱셈 (또는 나눗셈)의 과정 및 결과물로 만들어진 변 $\overline{AC}$, $\overline{AE}$의 길이가 1을 넘지 않아야 한다.

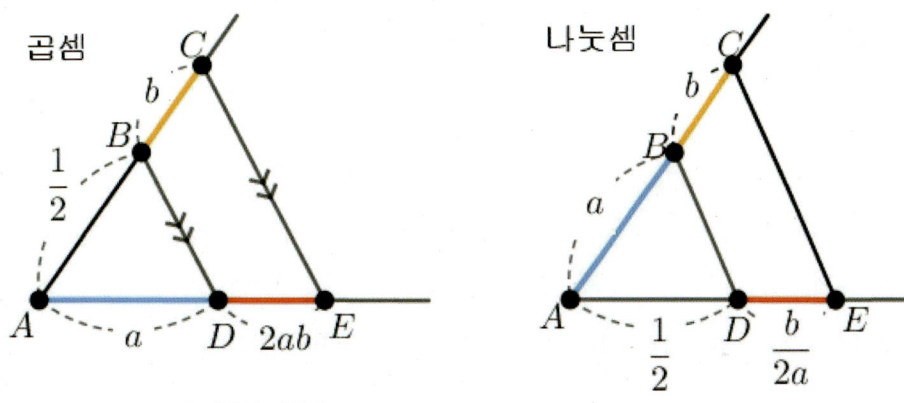

[$\overline{AC}$, $\overline{AE}$의 길이가 1을 넘지 않아야 한다.]

그래서 종이접기의 곱셈과 나눗셈은 작도처럼 만드는 것은 가능하지만, 제약 조건이 많고 접는 단계 수가 급격히 증가하기 때문에 실제로 접을 때에는 많이 주의해야 하는 방법입니다.

2) 종이접기의 곱셈

우선 밑변에 길이가 a인 선분을, 왼쪽 변에 $\frac{1}{2}+b$의 길이를 접어두었다고 가정하고 시작하겠습니다. 이 선분들은 모두 왼쪽 하단의 꼭짓점에서 출발합니다. 즉, 위 작도의 그림에서 $\angle EAC = 90°$이고, $\overline{AE}$, $\overline{AC}$ 모두 정사각형의 변 위의 선분입니다.

<접는 법>

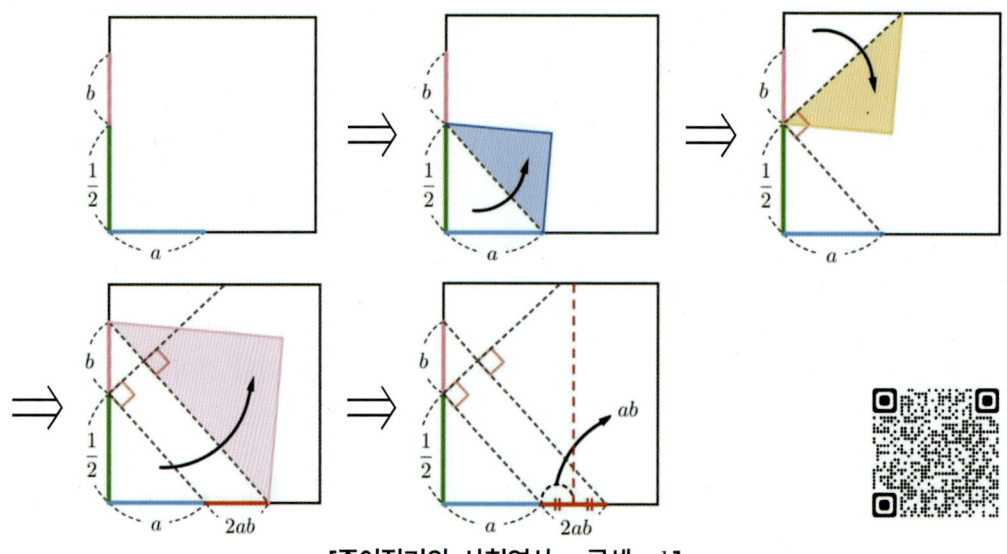

[종이접기의 사칙연산 : 곱셈 ab]

(https://www.geogebra.org/m/ehcfxufa#material/d9qb5v8z)

3) 종이접기의 나눗셈

곱셈과 마찬가지로 우선 밑변에 길이가 $\frac{1}{2}$인 선분을, 왼쪽 변에 $a+b$의 길이를 접어두었다고 가정하고 시작하겠습니다. 이 선분들은 모두 왼쪽 하단의 꼭짓점에서 출발합니다. 역시나 위 작도의 그림에서 $\angle EAC = 90°$이고, $\overline{AE}, \overline{AC}$ 모두 정사각형의 변 위의 선분입니다.

<접는 법>

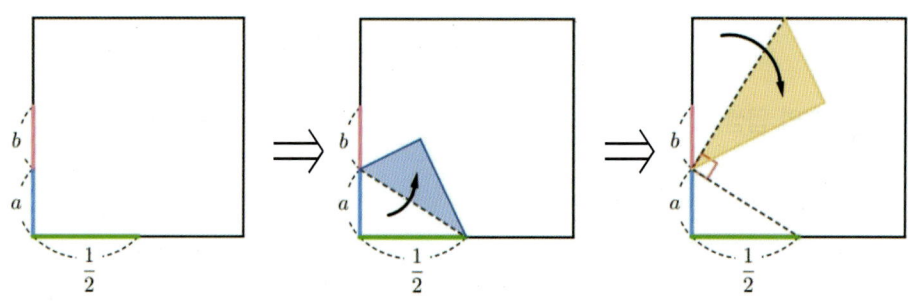

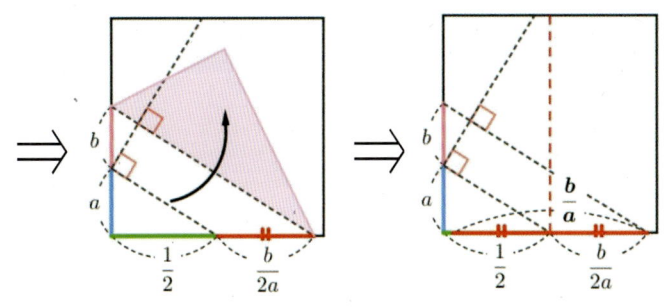

[종이접기의 사칙연산 : 나눗셈 $\frac{b}{a}$]

(https://www.geogebra.org/m/ehcfxufa#material/dkupze8y)

종이접기의 나눗셈은 특히 만들기 어려운 경우가 많습니다. 위의 그림에서도 보이지만, $\frac{1}{2} + \frac{b}{2a}$의 길이가 이미 1에 가까운 값이 나타나기 쉽기 때문입니다. 상황에 따라서는 $\frac{1}{2}$ 대신 $\frac{1}{4}$의 길이를 만든 뒤, 같은 방법으로 접어 $\frac{b}{4a}$를 만든 뒤 다시 4배하는 것도 한 방법입니다.

라. 사칙연산을 활용해 $\frac{1+\sqrt{3}}{4}$를 접어볼까요?

드디어 우리는 원하는 길이들을 접어서 만들 수 있는 준비가 끝났습니다. 이제, 앞서 예를 들었던 $\frac{1+\sqrt{3}}{4}$을 접어볼까요?

이 길이는 $\frac{1}{4}$과 $\frac{\sqrt{3}}{4}$으로 분해됩니다. $\frac{1}{4}$의 길이는 쉽게 만들 수 있으니, $\frac{\sqrt{3}}{4}$의 길이를 먼저 만들어 보는게 편하지 싶습니다. $\frac{\sqrt{3}}{4} = \frac{1}{2} \times \frac{\sqrt{3}}{2}$이죠. 그리고 우리는 $\frac{\sqrt{3}}{2}$이라는 숫자가 어떤 직각삼각형에서 나타나는지 잘 알고 있습니다. 바로, 30°, 60°, 90°를 갖는 직각삼각형이죠.

그래서 접는 순서는 다음과 같습니다.

$\frac{\sqrt{3}+1}{4}$ 접는 법(1) 개요

① 정삼각형 접기를 통해 $\frac{\sqrt{3}}{2}$ 을 만든다.

② $\frac{\sqrt{3}}{4} = \frac{1}{2} \times \frac{\sqrt{3}}{2}$ 로 $\frac{\sqrt{3}}{4}$ 를 만든다.

③ 같은 변에 $\frac{1}{4}$ 를 만든다.

④ 「종이접기의 덧셈」을 통해 $\frac{\sqrt{3}}{4} + \frac{1}{4} = \frac{\sqrt{3}+1}{4}$ 을 만든다.

<접는 법>

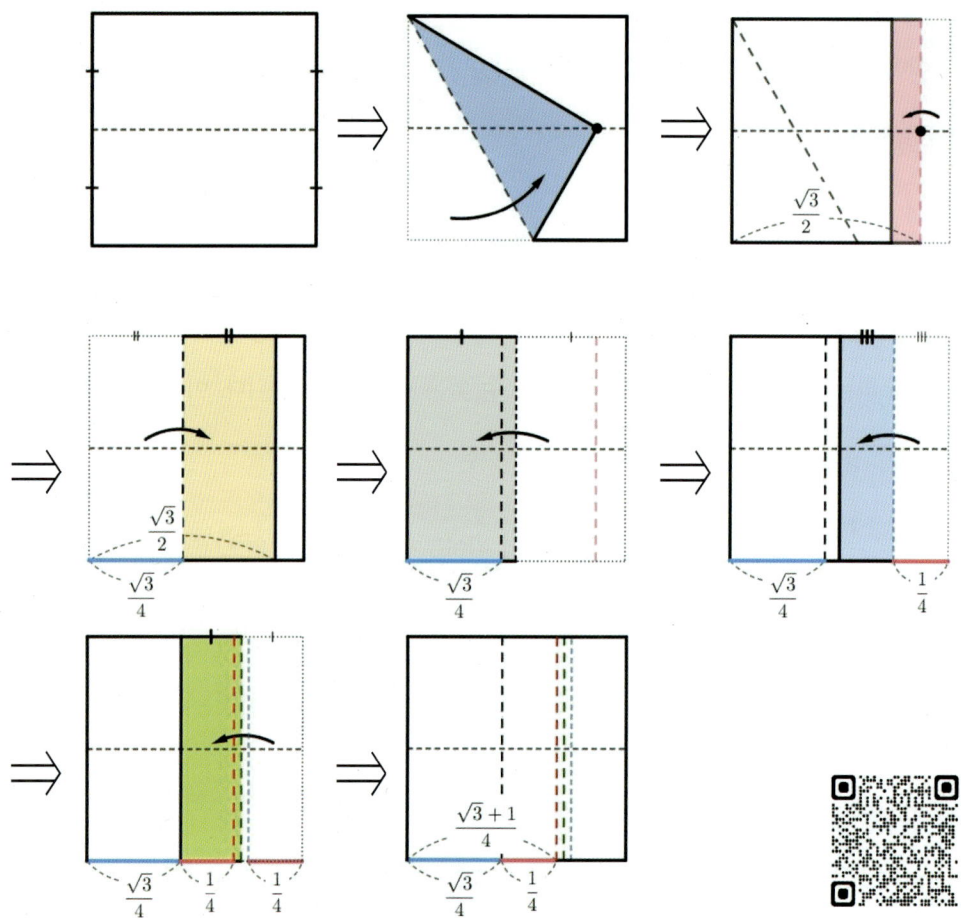

[종이접기의 사칙연산을 활용한 무리수 접기]
(https://www.geogebra.org/m/ehcfxufa#material/t9kybcya)

[왜냐하면]

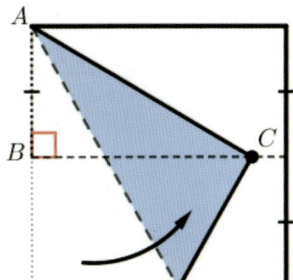

[1~2단계]

직각삼각형 $\triangle ABC$에서 $\overline{AC}=1$, $\overline{AB}=\dfrac{1}{2}$이므로

$\overline{BC}=\dfrac{\sqrt{3}}{2}$

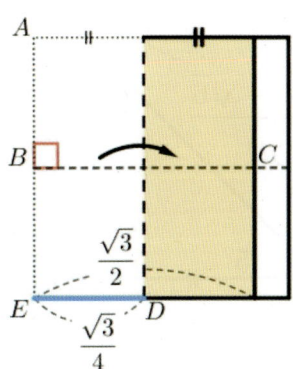

[3~4단계]

$\overline{ED}=\dfrac{1}{2}\times\overline{BC}=\dfrac{\sqrt{3}}{4}$이 된다.

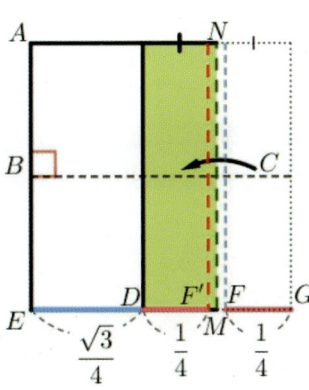

[5~6단계]

$\overline{FG}=\dfrac{1}{2}\times\dfrac{1}{2}=\dfrac{1}{4}$

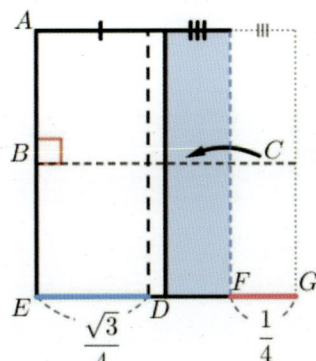

[7단계] 종이접기의 덧셈

M은 $\overline{DG}$의 중점이다.

$\overline{MN}$에 대해 $\overline{FG}$를 선대칭하면 G의 대칭점은 D, F의 대칭점은 F'이 된다.

따라서 $\overline{DF'}=\overline{FG}=\dfrac{1}{4}$

그러므로 $\overline{EF'}=\overline{ED}+\overline{DF'}=\dfrac{\sqrt{3}+1}{4}$ ■

V. 내가 원하는 길이 접기

그런데 말이죠. $\dfrac{1+\sqrt{3}}{4}$ 는 다르게도 접을 수 있습니다. 혹시 $\dfrac{\sqrt{2}+\sqrt{6}}{4}$ 의 값은 눈에 익으신가요? 네, 기억력이 좋으시군요. $\sin 75° = \dfrac{\sqrt{2}+\sqrt{6}}{4}$ 이 나옵니다. 그런데 $\dfrac{\sqrt{2}+\sqrt{6}}{4} = \sqrt{2} \times \dfrac{1+\sqrt{3}}{4}$ 이잖아요. 따라서 $\dfrac{1+\sqrt{3}}{4}$ 은 이렇게도 볼 수 있습니다. 빗변의 길이가 $\dfrac{\sqrt{2}+\sqrt{6}}{4}$ 인 **직각이등변삼각형의 밑변의 길이가** 된다.

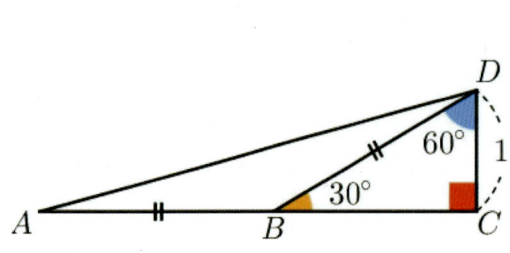
[$\sin 75°$ 를 구하는 대표적인 방법]

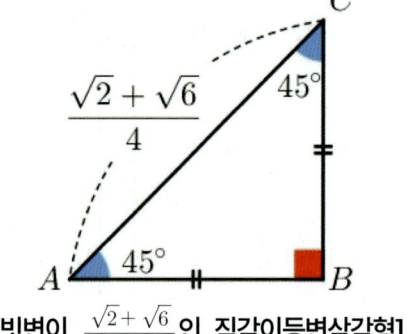
[빗변이 $\dfrac{\sqrt{2}+\sqrt{6}}{4}$ 인 직각이등변삼각형]

$\dfrac{\sqrt{3}+1}{4}$ 접는 법(2) 개요

① 정삼각형 접기를 응용해서 $75°$ 를 접는다.
② 컴퍼스 접기를 이용해서 $\sin 75°$ 의 길이를 찾는다.
③ $45°$ 인 대각선 위에 $\sin 75°$ 의 길이를 옮긴다.
④ '③'으로 만들어진 직각이등변삼각형의 밑변(높이)의 길이를 찾는다.

<접는 법>

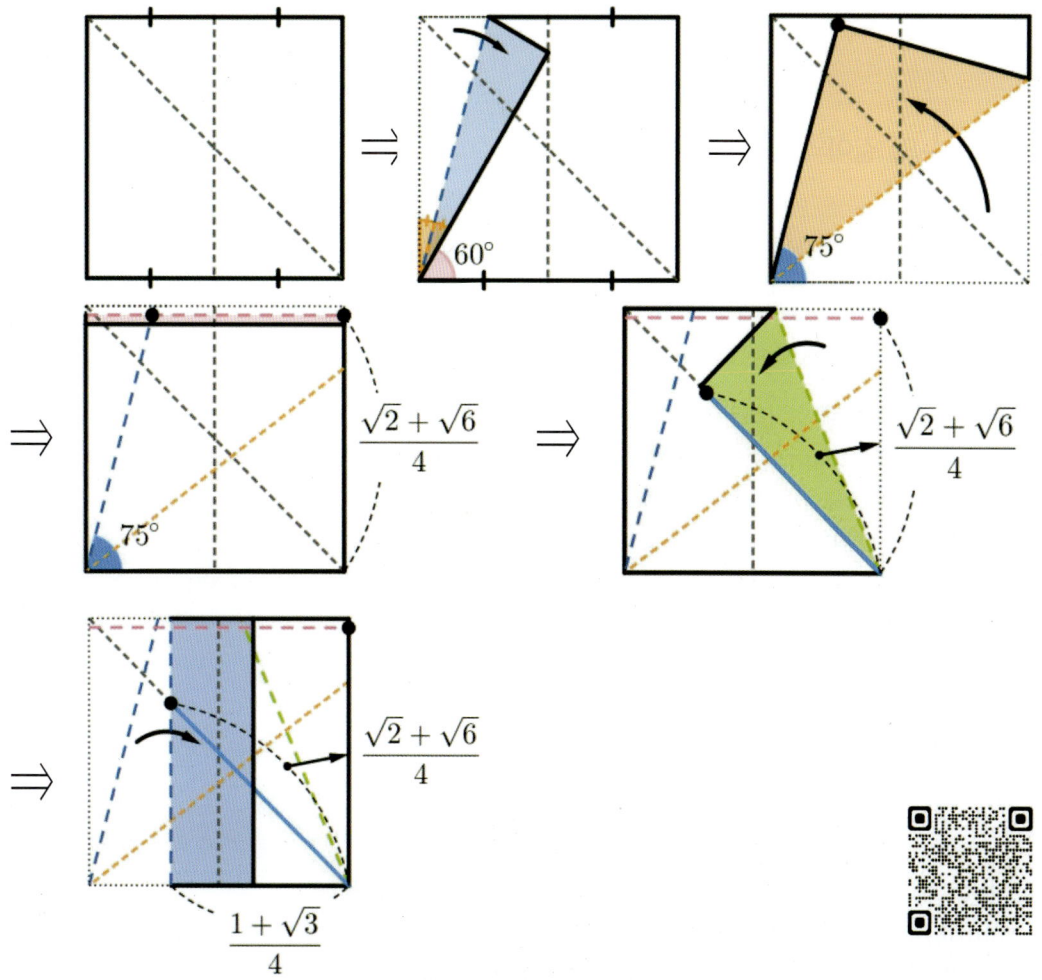

[삼각비를 활용한 무리수 접기]
(https://www.geogebra.org/m/ehcfxufa#material/dvtd5kxb)

아까보다 훨씬 짧아졌죠? 도형의 기하학적인 성질을 이용해 뚝딱 접어내는 것이 종이접기의 매력이 아닌가 싶습니다.

종이접기의 사칙연산은 다양한 무리수를 만들 수 있게 도와주는 강력한 수단입니다. 하지만, 만들고자 하는 무리수를 분해해서 각각을 만들다 보면 자연스럽게 접는 단계가 증가하게 됩니다. 무리수를 종이접기로 만든다면 그래서 알고 있는 수학적 지식을 꼼꼼히 돌아보고, 다양한 방법을 시도해보아야 합니다.

참고문헌

IV. $\frac{1}{n}$의 길이와 넓이는 어떻게 접을까?

[1] 조 볼러(2017), 스탠퍼드 수학공부법, 와이즈베리, pp159-161
[2] 芳賀和夫(1999), オリガミクス Ⅰ, 日本評論社, pp42~48
[3] 渡部勝(2000), 折る紙の数学~辺の $\frac{1}{7}$, 面積 $\frac{1}{7}$ はどう折るのか, 講談社, pp48~68
[4] 이철희, "수학노트" [Online]. Available:
http://wiki.mathnt.net/index.php?title=%ED%94%BC%ED%83%80%EA%B3%A0%EB%9D%BC%EC%8A%A4_%EC%8C%8D(Pythagorean_triple)
[5] 위키피디아, "피타고라스 삼조" [Online]. Available:
https://ko.wikipedia.org/wiki/%ED%94%BC%ED%83%80%EA%B3%A0%EB%9D%BC%EC%8A%A4_%EC%82%BC%EC%A1%B0

V. 내가 원하는 길이 접기

[6] 中川仁(2012), 折紙の数学 공개강좌. [Online], pp7~9. Available:
https://www.juen.ac.jp/math/nakagawa/profj.html#publiclecture
[7] 김부윤 외(2012), 수학이 있는 종이접기, 수학사랑, pp157~169